SCIENCE

岩波科学ライブラリー 282

予測の科学はどう変わる？

人工知能と地震・噴火・気象現象

井田喜明

岩波書店

目 次

本文中［1］、［2］、…は参考文献番号である。書誌は巻末の「参考文献」にある。

第1章　予測の基礎は科学の体系

自然現象の予測は、科学の体系に沿う演繹的な計算を基礎にしています。そこで、この章では科学について、また科学と予測の関係について概観します。実際には、ほぼ厳密に成立する法則だけを用いて予測できる自然現象はごくわずかで、多くの予測は曖昧さや誤差を含むモデルに依存します。定式化が厳密でもカオスが潜むと、予測可能な時間の範囲が限定されます。

経験的な予測と演繹的な予測

人間は多くの場面で予測し、それに基づいて行動します。個人の行動ばかりでなく、会社や国家などの社会的な行動を決めるための予測もあります。適切な予測は適切な行動の基礎であり、予測の失敗で悲惨な経験をすることもあります。本書では、自然現象、特に災害の原因となる地震、噴火、気象現象に関連する予測を中心に、予測について考察します。

予測は、手法によって、**経験的な予測**と**演繹的な予測**に分けられます。経験的な予測は、類似な過去の経験やデータに照らして、これから起こる現象を推測します。それに対して、演繹的な予測は、何らかの理論的な枠組みに基づいて、現象はこう展開するはずだと推論します。自然現象については、演繹的な予測の基盤は自然科学の体系です。

経験的な予測と演繹的な予測は実際には明確に分けられないことも少なくありませんが、方法や内容には明確な違いがあります。比較的簡単にできるのは経験的な予測ですが、予測内容は定性的であり、主観的になりがちです。それに対して、演繹的な予測は数理的な解析やコンピュータによる計算が必要であり、基盤となる理論ばかりでなく、計算に用いるプログラムや入力するデータなどの準備も必要です。しかし、予測結果は定量的であり、客観的でもあります。

2つの予測方法の大きな違いは予測の及ぶ範囲です。経験的な予測は、予測する人の経験や知識などに限定されて、想像力が及ぶ範囲を超えられません。それに対して、演繹的な予測は人間の想像できる範囲とは無関係に推論を進め、時には予想外の真実を導きます。この違いから、基盤となる理論が整っていれば、演繹的な予測の方が優れており強力です。

演繹的な予測の強力さを示す事例に、宇宙の成長についての予測があります。相対性理論を基礎にする宇宙論によると、宇宙は膨張するか縮小するかしかなく、銀河間の距離が増加しているという観測事実と合わせると、宇宙が1点から138億年間膨張してきたという結論が演繹的に得られます。このような宇宙の姿は身の回りの経験からは想像できませんが、理論の形成後に観測技術の進歩によって正しさが証明されてきました。

科学の進歩につれて、経験的な予測は演繹的な予測に順次置き換えられてきました。しかし、実際の自然現象の多くは複雑で多様性に富み、演繹の基礎は簡単には築けません。たとえば、地震予知や噴火予知は相変わらず経験的な予測の枠から出られません。ところが、最近、予測に**人工知能**（**AI**、artificial intelligence の略）が参入してきました。人工知能による予測は、データの学習に基づく経験的な予測ですが、学習できるデータは膨大であり、予測内容は自動的に得られて客観的です。

予測の科学がおかれたこのような状況を議論するのが本書の目的ですが、その準備として、第1章では演繹的な予測の基礎となる自然科学について視点を広げて考えます。

自然科学の発達と影響力

科学の芽生えは古代ギリシャにあるとされます[1、2]。市民が政治を動かすアテネなどの都市国家（ポリス）に、世界は何でできているのか、人間はどう生きるべきなのかなどについて思考をめぐらす人々が現れて、哲学や科学を生み出したのです。しかし、この時代の科学は実証性に乏しく、生産などの実益とも結びつきが弱かったので、後世への影響は限定的でした。

ギリシャの伝統を2000年以上経過してから受け継いだのは、西暦1500年ころにイタリアのフィレンツェやミラノなどの自由都市で始まった**ルネサンス**です。そこでは商業で巨万の富を築いた富豪が文化人を保護して、絵画や文学などで人間中心の芸術を開花させました。この頃にビザンツ帝国がオスマン帝国に滅ぼされて、古代ギリシャの研究を進めていた多数の文化人がイタリアに移住したことも、ルネサンスの牽引力となりました。

この時代にはスペインやポルトガルが航海術を高めて大洋を船で渡り、東アジアやアメリカ大陸に進出しました。他の世界への進出はその後オランダやイギリスに引き継がれます。また、ドイツやフランスでは宗教改革によってローマ教会などの古い体制が批判にさらされました。このような新しい風が吹く西欧で、自然科学の進歩が始まったのです。

自然科学が進歩する先駆けとなったのは天文学です。コペルニクスが地動説を唱え、ケプラーが惑星の運動を定式化したのです。これらの新しい知見を一般化して、ニュートンは1687年に物体の運動を力と加速度の比例関係として法則にしました。また、すべての物体の間に万有引力(重力)が働くことを見出しました。

ニュートンが発見した**運動の法則**は、解析のために開発された微分積分学とともに、その後の自然科学の基礎になります。自然科学は熱と温度の関係、無機物や有機物の化学反応、原子や分子の構造、電磁波などの電磁気現象、生物の進化などの幅広い分野で自然現象の解明を急速に進め、身近な現象のほとんどを説明する古典的な体系を19世紀末にほぼ完成させます。ニュートン力学の延長上では、化学反応や電磁波との相互作用も含めたエネルギー保存則が確立されます。

科学が自然に関する理解を深めるのと並行して、生産などの方法を改革する技術も急速に進歩します。技術の進歩は繊維産業で始まりました。イギリスではインドから輸入した綿を用いて綿製品が普及していましたが、その生産効率を上げるために18世紀中ごろにワットが蒸気機関を発明しました。この発明は蒸気船や蒸気機関車を生み出します。技術の進歩はやがて化学工業や通信技術にも及びます。

科学と技術は最初ほぼ独立に進歩していたようですが、やがて技術を進歩させるために科学の成果を用い、新しい技術の必要性が科学の進歩を促すようになります。こうして科学と技術は相互に刺激し強化し合いながら急速に発達し、**産業革命**を起こします。その結果として、生産や流通の仕組みばかりでなく、人々の生活様式やものの考え方、政治や社会の仕組みも改革されていきます。

工場生産などの大規模な企業の運用には莫大な資金が必要です。その資金を集めるために資本主義が生まれました。資本主義は一般の人々から広く資金を集めて資金提供の割合で利益を分配する仕組みです。企業の活動に必要な労働をまかなうためには、労働者を雇用して賃金を支払います。

産業革命の結果として、経済活動の中心は農業から工業へと移行しました。それに対応して、地方で農業に従事していた多数の人々が工場などの労働者として都市に集まりました。社会は全体としては豊かになりましたが、環境汚染が進んだ都市の劣悪な環境で多くの人々が貧しい生活を強いられました。この状況が修正資本主義や社会主義を生み出しました。

自然科学の進歩の社会的な意味は、自然が論理的に解明できることを人々に確信させることだったでしょう。科学は宗教に代わって人々の考え方を支配していきます。また、社会や政治の仕組みも合理的であるべきだとする思想を生み、それが民主主義へと発展します。民主主義によって改革に多くの人々の知恵が結集できるようになり、国民の主体的な関わりで国家の基盤が強化されました。

このような大改革を西欧は他の世界と独立に独走体制で進め、高度に発達した技術力や経済力とともに国民中心の強力な国家を築きました。ルネサンスが始まるころまでは、西欧は経済力や文化の豊かさで中東や中国などとほぼ同じ水準にあったとされます。ところが、この大改革によって西欧は一挙に飛躍し、世界で圧倒的に優位な地位を獲得したのです。

この奇跡的な大改革が達成される道筋には、文明の発達の仕方に関する多くの教訓や示唆が含まれます。大改革は様々な分野が相互に強め合って加速的に進みましたが、その中心には科学がありました。

自然科学の体系と予測の確かさ

古典的な自然科学の体系は19世紀末までに形成され、力学、熱力学、化学、電磁気学などの形でまとめられました。この体系によれば、世界は物質と波動でできています。力学、熱力学、化学は物質を対象にし、電磁気学は空間を伝わる波動(電磁波)を扱います。物質は質量、運動量、エネルギーの保存則に従って運動、変形、化学変化などを起こし、波動は運動量やエネルギーを運びます。

20世紀に入ると、日常的な時間や空間よりはるかに小さい領域とはるかに大きい領域で古典的な世界観は修正を受けます。原子や分子などのミクロな現象を記述するためにハイゼンベルクやシュレディンガーが量子力学を生み出し、高速な運動や宇宙の状態を記述する理論としてアインシュタインが相対性理論を構築したのです。これらの理論で記述されるのは日常的な感覚では奇妙な世界です。

古典的な概念では原子は原子核のまわりを回る電子で構成され、その状態は連続的に変わるはずです。ところが、実験や観測で得られる原子のエネルギーは不連続な値しかとりません。量子力学によると、電子は雲のように漂って自分自身と干渉して特定な状態で安定になります。そのためにエネルギーは不連続になるのです。光などの電磁波も、一定の大きさと速度をもつ粒子の集団のように、エネルギーは最小単位の整数倍にしかなれません。ミクロな世界では物質と波動は性質が混在するのです。

宇宙のように大きな世界を支配するのは光の速度(光速度)と重力です。相対性理論によれば、物体も波動も光速度を超える速度では動けず、この条件のためにどこででも共通の時間が経過するという古典的な時間の概念は失われます。時間の進みは運動速度によって速くも遅くもなるのです。また、巨大な恒星などの大きな重力のために空間は歪み、そのために光は曲げられます。

量子力学と相対性理論を結合した相対論的量子力学もあります。原子よりさらに微小な素粒子については理論が固まっていませんが、相対論的量子力学は最も一般性が高く、原理的にはほとんどすべての現象に適用できる理論です。しかし、実際にはこの理論で解析されるのは素粒子が光速度に近い速度で運動する場合などの特定の現象に限られます。膨大な原子を含む多くの問題では、この理論を用いて解にたどりつくには計算に時間や資源がかかりすぎるのです。

地球上や地球内部で展開する多くの自然現象は**古典力学**で扱われます。相対性理論や量子力学との関係では、古典力学は原子数が極めて多く、運動速度が光速度よりずっと小さく、作用する重力も巨大恒星よりはるかに小さい条件で近似的に成立する理論です。近似的といっても近似度は極めて高く、実質的には厳密に成立するとみなして差しつかえありません。

大気、海洋、固体地球は膨大な数の原子で構成されて連続とみなせるので、解析には古典力学を連続体に適用した**流体力学**や**弾性体力学**が使われます。流体力学は力と流れの関係を、弾性体力学は力と変形の関係を記述し、力を表現するために連続体の単位面積あたりに働く力を応力として導入します。面と垂直に働く応力の成分が圧力です。

物質が均質であり、流れや変形に局所的に集中する偏りがなければ、流体力学や弾性体力学はほぼ厳密に成立します。しかし、流体中の渦や弾性体中の破断などの局所的な**不均質性**は、これらの理論では表現できません。大気の運動が引き起こす降雨や降雪、固体地球の運動に伴う地震と噴火は、いずれも局所的な不均質性が本質的な現象なので、流体力学や弾性体力学だけでは対処できません。

渦や破断などの局所的な不均質性は、適当なモデルを用いて近似的に表現されて解析に組み込まれます。化学反応、融解や凝結などの相転移の効果もモデルを用いて表現されます。モデルは実験結果に基づいたり、現象を単純化した理論を適用したりしてつくられ、近似の度合いも様々です。モデルを用いることで解析や予測が可能になりますが、予測の信頼性や精度はモデルの確かさに強く依存します。

科学計算には、ほぼ厳密とみなされる基本原理だけを用いる**第一原理計算**と、モデルに依存するそれ以外の計算があります。量子力学で計算される分子や結晶の状態は第一原理計算の典型例です。古典力学に基づく惑星や衛星の運動も、摩擦などの効果が無視できるので、第一原理計算とみなせます。渦を含まない流体のゆっくりした流れ（層流）や弾性体中の音波の伝播も、高い精度で計算できます。

第一原理計算は数値計算の精度を上げればいくらでも正確な予測結果が得られますが、気象現象、地震、噴火などをもたらす自然現象の計算には様々なモデルが組み込まれており、解析や予測の信頼性はモデルの確かさで決まります。大気の運動はモデルを含めて計算方法がほぼ確立されていますが、地震や噴火は計算の基本となるモデルが未完成です。

フラクタルとカオス

古典力学は物体の位置と速度が力によってどう変わるかを記述します。力は他の物体から働く重力や電磁力などの作用で決まりますから、物体の集まりが最初にもつ位置と速度がすべて設定されれば、以後の状態は計算できます。宇宙も地球も物体の集合体とみなせますから、ある時点の状態を初期条件として以後の状態が計算でき、現象の展開は原理的には完全に予測できることになります。

いいかえれば、世界の将来はすでに決まっていて、それを予測することも可能です。この決定論的な世界観を示唆する古典力学は、その後、量子力学や相対性理論によって修正を受けます。さらに、20世紀半ばにフラクタルやカオスの概念が出現して、古典力学の範囲内でも予測に限界があることが示されます。地震、噴火、気象現象はいずれもフラクタルやカオスと関わりの強い現象です。

気象現象の基本的な原因は大気の対流ですが、カオスの概念が生まれるきっかけは対流の性質を記述するローレンツ方程式[3]にありました。この方程式は3変数X、Y、Zの時間tへの依存性を記述する連立常微分方程式で(図1-1の説明参照)、Xは対流運動の大きさ、Yは対流内部の温度差、Zは対流で生ずる温度の揺らぎの大きさを象徴的に表現します。これらの変数はすべて適当に無次元化されています。

ローレンツ方程式は一見何の変哲もない微分方程式にみえますが、実は特殊な性質をもっています。[5] 初期条件の差が時間とともに著しく拡大するのです。たとえば、図1-1で実線と破線で示す2つの解は、時刻 $t=0$ での初期条件として X の値が0・04％異なるだけです。ところが、$t=7$ あたりから2つの解には顕著な差が生じ、最終的には別な解のようにふるまいます。

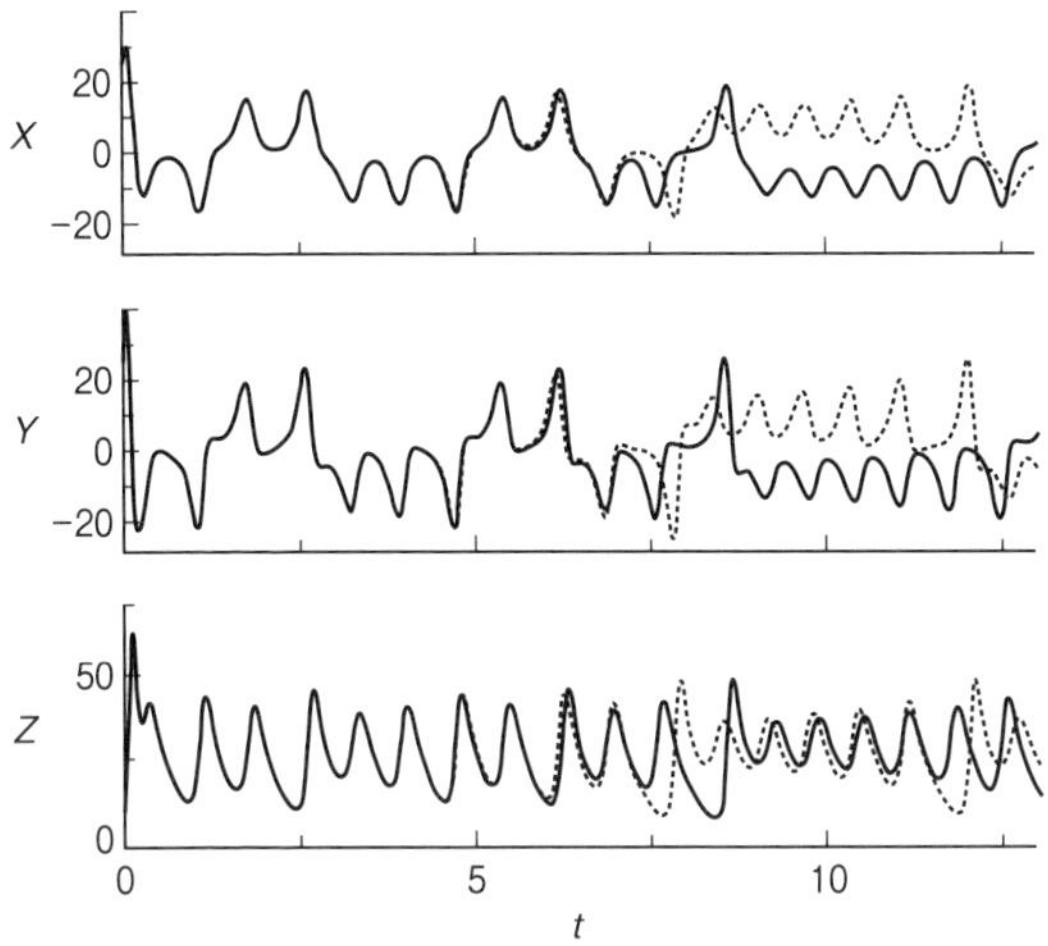

図 1-1　ローレンツ方程式の解の例[4]．ローレンツ方程式[3]

$$\frac{dX}{dt}=-pX+pY,\quad \frac{dY}{dt}=-XZ+rX-Y,\quad \frac{dZ}{dt}=XY-cZ$$

は変数 X, Y, Z の時間 t への依存性を表現する連立常微分方程式である．図に示した計算では，$t=0$ での初期条件は実線が $X=Y=25$，$Z=0$，破線は $X=25.01$，$Y=25$，$Z=0$ にした．定数は共通に $r=30$，$p=10$，$c=8/3$ である．

制御できないほどわずかな条件の差が時間の経過とともに全く別な解に発展するのなら、ある程度より先の将来は実質的には予測できません。このような予測不能の状態は**カオス**

とよばれます。カオスはギリシャ神話で世界誕生時の無秩序な状態をさす語です。ローレンツ方程式の解は、古典力学で想定される完全な予測可能性を破る無秩序な世界だったのです。カオスの性質をもつ微分方程式は他にも知られていますが、いずれも3つ以上の変数が関与し、変数のべき乗や積などの非線形項を有します。

天気予報で大気の運動を計算する方程式は、ローレンツ方程式よりずっと複雑ですが、やはりカオスの性質をもつと考えられます。予測の限界を示す期間は1週間程度と推測され、気象現象をそれより長期にわたって計算しても解に信頼性はありません。気象庁は長期予報に初期条件の異なる複数の計算結果を比較して統計的に最適な解を得るアンサンブル予報を用いています。

カオスと関連する概念に**フラクタル**があります[6]。フラクタルは空間的な性質を表現するために導入されました。たとえば、海岸線の長さは測定に使う長さの尺度に依存します。尺度を小さくすると、それまで見えなかった海岸線のギザギザが拡大されるので、長さが増加するのです。

同様に、雲はモクモクとした形状をしていますが、近づくと遠くで見えなかった細部のモクモクが拡大されます。雲には大きさを表す特徴がなく、拡大しても縮小しても似たような形状にみえるのです。この性質を**自己相似性**とよびます。フラクタルは自己相似性をもつ現象や状態をさす概念です。雲の種類によってモクモクの度合いが違いますが、それはフラクタル次元という数値で区別します。

カオスの性質をもつローレンツ方程式は、変数X、Y、Zが時間とともに変化する軌跡を3次元空間に描くと、いつまでも交わらない曲線になります。この曲線は自己相似性をもち、フラクタルであることが示されます。フラクタルとカオスは密接な関係をもつ概念なのです。

海岸線の長さは測定する尺度のべき乗(べきの値は負)に比例します。このべき乗則がフラクタル性を判別する重要な特徴です。地震の規模別の頻度(発生数の割合)はマグニチュードに依存してグーテンベルク＝リヒターの法則を満たしますが、この統計法則は地震の頻度が断層の大きさのべき乗に比例することを示します。地震の発生過程はフラクタル性をもつのです。噴火発生時期の分布にもフラクタル性が認められるという指摘があります[7]。

気象現象ばかりでなく、地震や噴火の発生もフラクタルやカオスの性質をもち、それが予測を難しくする基本的な原因であると考えられます。しかし、地震や噴火の発生にフラクタルやカオスがどう関係するのか、究明はあまり進んでいません。

予測の曖昧さが生む防災の難しさ

地震、噴火、豪雨や強風などの自然現象が発生前に予測できれば、これらが及ぼす災害の危険性(災害リスク)を評価して、災害を防止し軽減する対策をとることができます。実際には、自然現象も社会も複雑なので、災害リスクを正確に評価するのも、適切な防災対応をとるのも簡単ではありません。

災害リスクには、間もなく襲ってくる台風によるものなどの短期的なリスクと、噴火の恐れのある火山が隣接することなどによる長期的なリスクがあります。短期的なリスクと長期的なリスクは、予測や防災対応の内容に違いがあります。

長期的なリスクには過去の災害事例を集めたりシミュレーションをしたりして予測内容を整える余裕があり、対応策もハザードマップの作成、避難場所の確保、日常生活での準備、都市計画への活用など多様です。それに対して、短期的なリスクには災害の内容、現象の規模や発生時期、被災しそうな範囲などを緊急に予測することが求められ、主な対応策は立ち入り規制や避難です。

特に短期的なリスクへの対応で問題になるのは、自然現象の予測が曖昧さを含むことです。比較的精度の高い豪雨や強風の予測でも、降水量や風速の誤差が適切な防災対応を妨げることがあります。地震や噴火の予測はずっと信頼性が低く、予測内容も曖昧です。不確実な予測を災害リスクの評価や防災対応にどう活用するかは悩ましい問題です。

たとえば、ある都市に隣接する火山で噴火が迫っているという情報があるとしましょう。噴火が大規模で火砕流が都市を襲ったら、多数の死傷者が出る大災害になりかねません。しかし、災害を避けるために避難を実行したら、市民が不便な生活を強いられるばかりでなく、都市機能が麻痺して周辺も含めた地域全体に莫大な経済的損失が生じかねません。

大規模な噴火が本当に発生するのなら、市長は迷わずに避難を指示するでしょう。ところが、予測はしばしば曖昧で、噴火が小規模だったり起こらなかったりする可能性も否定しません。この不確実な情報を受けて、市長はどうすべきなのでしょうか。避難しないで大災害が起きたら、責任の大きさははかり知れません。逆に避難したのに噴火が起こらなかったら、非難は市長に集中するでしょう。

似たような状況は世界中で何度も起きており、避難しないで失敗した事例も、避難して失敗した事例も歴史に残されています。防災対応の成否は、都市のおかれている状況、住民の意識や理解度、情報の伝わり方、防災担当者の能力や考え方に依存するばかりでなく、多分に運に左右されます。対処の仕方に模範回答はなさそうです。

とはいえ、災害リスクの計算方法やリスクへの対応方法をあらかじめ詳細に定めておけば、評価や対応の客観性は高まります。それを検討する段階で、都市がおかれている状況に配慮し、「人命の保護を最優先にすべき」などの合意形成を図ることもできます。方策を事前に定めることで、準備不足による不適切な対応や不必要な混乱が避けられますし、防災担当者の負担も大幅に軽減できます。

第2章　人工知能が予測に参入

人工知能は、人間のような能力をもつことを主な目標に、人間の脳の働きと比較しながら開発が進められているので、その知識を確認します。地震、津波、噴火、天気などの自然現象の解析には人工ニューラルネットワークや自己組織化写像などの技術がよく使われるので、これらの技術について詳細に解説します。また、現在の人工知能技術を支える深層学習について理解を深めます。

人工知能と人間

人工知能というと、人間と会話したり一緒に仕事をしたりする人格を想像するかもしれませんが、人工知能の研究や応用で現在おもに関心がもたれているのは、人間のもつ能力のどれかを人工的につくり出す技術です。現在の人工知能は人格というより特定な機能をもつ機械なのです。

人間は実に多様な能力を保有していますが、その中で人工的に実現することを目指して現在注目を集めているのは認識の機能です。認識とは情報から意味を抽出する機能で、たとえば異性からのメールから自分に対する恋愛感情を読み取る能力です。技術的な例としては、映像から道路や歩行者などを読み取る技術があり、自動車の自動運転を実現する目的などのために開発が進められています。

情報から意味を抽出する機能とは、何らかの情報を入力して、そこからもっと抽象度の高い情報を取り出して出力する働きです。一般化すれば入力から出力を得る変換器ですが、人間のように身の回りの情報から何らかの役にたつ意味を取り出す高度な性能を目指しています。人間を真似することを意識して、変換器には脳の働きと似た構造をもたせるものが考案されています。

脳科学によると、目や耳などから入ってくる刺激は電気信号として脳に伝えられます[1、2]。脳の内部では、情報は神経細胞(ニューロン)の間を次々と伝達され、その間に分岐や結合を繰り返して洗練されていきます。この仕組みを使って、人間は目の前に広がる光景や耳に入ってくる音から自分に近づいてくる人や自動車を見分け、その接近に気づくのです。

情報伝達の過程を詳細にみると、神経細胞は隣接する神経細胞から電気信号を受け取り、軸索とよばれる長い通路から先端の突起部シナプスに電流を流します。電流を受け取ると、シナプスは次の神経細胞に接触し、化学物質を放出して流し込みます。こうして神経細胞間で情報が伝達されるわけですが、軸索は複数のシナプスをもつことができ、神経細胞は隣接する複数のシナプスから情報を受け取れますから、伝達の過程で情報は選択、分岐、統合されるのです。

人間の神経細胞の体系(ニューラルネットワーク)を真似て、人工知能には**人工ニューラルネットワーク**、あるいは**ANN**(artificial neural network の略)とよばれる仕組みが考案されました(図2-1)。この仕組みでは、情報は**ニューロン**とよばれる変数(図の○)の間で段階的に変換されます。入力された情報は入力層としてまとめられてから、隠れ層(中間層)を経由して何段階かの変換を受け、最後に出力層に届きます。情報は変換を受けながら次第に精査されていくのです。

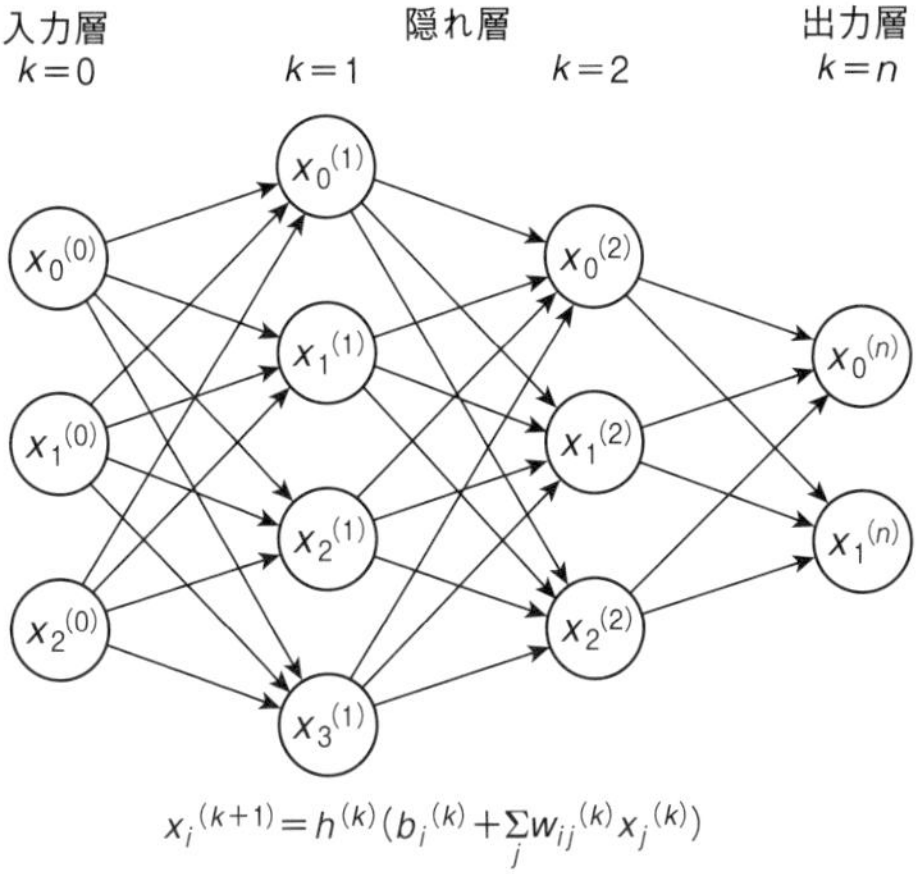

図2-1 ANN(人工ニューラルネットワーク)の模式図．ネットワークは各層に含まれる変数(ニューロン) $x_i^{(k)}$ の連結でつくられる．入力情報は変換を受けながら入力層から最初の隠れ層に，次に2番目の隠れ層に渡され，最後に出力層に届く．各層のニューロンの値は，前の層の1次変換を活性化関数 $h^{(k)}(x)$ で整えて得る．変換式に含まれる定数(バイアス $b_i^{(k)}$ と重み $w_{ij}^{(k)}$)の値は学習によって決められる．

情報伝達の各段階では、前の層の変数の1次式で計算された値が活性化関数で調整されて次の層に渡されます(図下部の数式)。この1次式に含まれる定数b_iはバイアス、係数w_{ij}は重みとよばれます。活性化関数hには、0から1に不連続に変わるステップ関数も使われますが、指数関数を用いて0から1になめらかに移行するシグモイド関数や、負の領域で0、正の領域で独立変数と同じ値をとるランプ関数などの連続的な関数の方が解析には好都合です。

情報伝達の各段階では、変数は本質的には1次式で変換(1次変換、線形変換)されるだけですから、ひとつの変換に複雑な性質は盛り込めません。しかし、隠れ層を加えて変換を重ねることで、もっと複雑な性質(非線形性)も表現でき、出力は入力より高度に抽象化された内容にもなるのです。

ANNの動作が脳とどれだけ似ているのか、具体的に判断できるほど脳の仕組みは分かっていません。おそらく、脳内の神経細胞のネットワークはANNよりずっと入り組んでいるでしょう。シナプスは電気信号と化学変化の組み合わせで信号を受け渡しますが、それが変数の1次変換で表現できるかどうかも疑問です。しかし、ANNで変換を重ねると、高度な内容も取り出せることが分かってきました。

さて、人工知能には人間を真似たもうひとつの重要な特徴があります。それは**学習**です。人間の能力は、生まれたときから備わっているものもありますが、多くは乳幼児から大人に成長する過程で経験や学習によって習得されます。人間は成長とともに様々な知識や技術を学んで能力を高めるのです。同様に、人工知能も学習によって能力を高めます。

人工知能の学習とは、一言でいえば構成や定数を決めることです。ANNについては、隠れ層の枚数やその各層に含まれるニューロンの数、各段階の変換式に含まれるバイアスや重みの値を決めることです。ANNは数学的には入力から出力を得る関数とみなされますから、学習は関数の形や定数を決めること、すなわち関数の最適化に対応します。

人工知能は、人間と同じように学習して能力を高め、誤りも犯します。しかし、同じ学習という語を使っても、人工知能の学習は人間とは異なりますから、違いを強調するときは、人工知能については機械学習という語句を用います。

人工知能にとって学習の役割は極めて重要です。コンピュータの通常の動作は、人間の作成したプログラムに従い、それを逸脱することができません。人工知能については、人間は構造の枠組みをつくるだけで、能力は学習によって習得されます。この仕組みは人工知能の能力を極めて柔軟性の高いものにします。逆にいえば、人工知能の能力は学習される内容や量に全面的に依存するのです。

人工知能の学習は、**教師あり学習**と**教師なし学習**に分けられます。教師あり学習は出力の正解を**教師データ**として人間がつくっておいて、出力が教師データにできるだけ近づくように学習を進めます。教師なし学習の方は、入力データを相互に比較して、入力データの性質を抽出したり分類したりします。

教師あり学習

教師あり学習は教師データを用いて人工知能の能力を生み出す方法です。手書きの数字をANNで読み取る問題を考えながら、その方法を具体的に理解しましょう。この問題は郵便番号の読み取りなどで実用化されており、人工知能の教材としてもよく取り上げられます。[3]

手書きの数字は、デジタルカメラやスキャナーのような装置で、縦28点、横28点の濃淡として数値化されるものとします。このすべての点の濃淡を入力するので、入力層のニューロンの数は28×28、すなわち784になります。濃淡は、手書きの線で覆われる点では真っ黒、線からはずれる点では真っ白になります。線が一部だけかかっている点もあるでしょうし、線がかすれていたり、紙が汚れていたりする可能性もありますから、濃淡は256階調の数値で表すことにします。

出力層には0から9までの数値に対応して10個のニューロンをおき、表現する数値をニューロンの番号とします。ニューロンの値は、手書きの数字がニューロンの番号と一致する確率を表すものとします。確率の値が一番大きいニューロンの番号を読み取り値とみなすのです。

ANNの構成は、たとえば入力層と出力層の間に50個および100個のニューロンをもつ2層の隠れ層を加え、活性化関数としてシグモイド関数を指定してできあがります。このA

NNには各層をつなぐ膨大な定数(バイアスと重み)が含まれますが、その値が学習によって決められるわけです。

学習には膨大な数の手書きの数字が使われます。それが多様な書き癖をもつほど学習の効果が上がります。手書きの数字の各々をまず人間が読み取って、正解を教師データとして準備します。教師データの出力値は、人間が読み取った数値と同じ番号のニューロンに値1を、それ以外のニューロンに値0を設定します。

学習は、出力結果が教師データにできるだけ近くなるように(たとえば、変換結果と正解の差の2乗和が最小になるように)、定数の値を調整することです。調整には、連立方程式を解く技術とともに膨大な計算が必要ですが、それはコンピュータの仕事です。多くの場合、隠れ層の枚数や隠れ層がもつニューロンの数も、学習の際に試行錯誤で決められます。

未定の定数の値を計算する技術に、深層学習でもよく使われる**誤差逆伝播法**があります。誤差逆伝播法はバイアスや重みの値を出力層の手前の隠れ層からさかのぼって順に決めていく方法です。出力値と教師データの間の誤差は、出力層に近い層ほど定数の寄与が見積もりやすいので、誤差を減らすような定数の値を出力層の近くから順番に計算していくのです。

学習がうまく完了すれば、適切な構成と適切な定数の値をもつANNが得られます。手書きの文字を読み取る問題では、こうして得られた人工知能は人間と同じ程度の正確さで数値を読み取ります。人工知能が読み取りに失敗する数字は、人間でも判読に迷う文字です。

なお、教師データはすべてを学習に使わずに、一部をテスト用に残しておきます。定数の値が学習に用いたデータだけに過度に適応して、ANNの性能が一般性を失うことがよくあるからです。この現象は**過学習**とよばれます。過学習を避けるために、学習に使わない教師データで性能をチェックする必要があるのです。

自己組織化写像

教師あり学習は教師データを通して人工知能に人間の望む能力をもたせますが、教師なし学習は人工知能がもっと自立して学習を進める方法です。この場合には教材は入力データだけですから、学習は多数の入力データを比較して共通の性質や違いを探すことになります。

入力データを相互に比較してできる重要な仕事に**分類**があります。ただし、入力データの分類は教師なし学習に特有な問題ではありません。前節では手書き数字の読み取りを教師あり学習の例題として取り上げましたが、これも入力データを数値で分類する作業とみなせます。人間が行ってきた分類の作業を人工知能が肩代わりすることがよくありますが、その場合にはそれまでの人間による分類結果が教師データとして使えます。

教師あり学習の分類は分類の基準が教師データとして示されますが、教師なし学習では基準は具体的には示されません。教師なし学習による分類の例として、入力データを似たもの同士で寄せ集める**自己組織化写像**（**SOM**、self-organizing map の略）を取り上げましょう。この分類法は自然現象の予測にもよく使われ，第4章に活用事例が登場します。

自己組織化写像は入力層と出力層だけで構成されるANNですが，データ変換や学習方法は前節までにみてきたANNとはかなり異なります。自己組織化写像の機能は，入力データを似たものが近くに集まるように出力層に投影することです。入力データは投影によって群(クラスター)に分けられ，それに基づいて分類がなされるのです。

自己組織化写像の入力層は分類の対象となる任意の入力データです。入力データは一般に複数のニューロンで構成されますから，その並びを入力ベクトルとよぶことにしましょう。分類は同じ形式の入力ベクトルをもつ多数の入力データの間でなされます。

入力データの投影先を探すには，どの程度似ているかを類似度としてあらかじめ定義しておく必要があります。2つの入力データは成分の差が小さいほど似ていますから，成分の差の2乗和は類似度として使えます。成分の寄与に偏りが出ないように，2乗和をとる前に成分間で大きさを調整することが望まれます。類似度としては入力データ間の相関係数を使うこともできます。

出力層は入力データを投影する空間で，ニューロンの個数が空間の次元，ニューロンの値が座標値を表します。座標値は整数に限定されますから，出力される空間は格子点の集まりで，空間の大きさは各方向の格子点の数で指定されます。出力空間の次元や大きさは自由に設定できます。よく使われるのは2次元の空間(平面)で，この場合には投影結果が平面上に図示できます。

格子点間の距離は入力データ間の類似度に対応させます。距離の比較に境界の影響が入らないように、同じ格子点の配列が空間の各方向に周期的に配列すると仮定します。この仮定により、一番右の格子点の右隣には反対側の一番左の格子点がくることになります。格子点の配列の違いを考慮して、正方形格子(2次元では最近接格子点が4個)の代わりに六方形格子(6個)が使われることもあります。

出力空間の各格子点には入力ベクトルと同じ形式のベクトルを配置します。このベクトルは重みベクトルとよばれます。入力データは重みベクトルとの類似度が最も高い格子点に投影されます。重みベクトルの値は、類似度の高い入力データが近くに集まるように、学習によって調整するのです。

学習は全格子点の重みベクトルを乱数で初期化してから始めます。学習の各ステップでは、入力データを1つずつとり出して、重みベクトルが一番類似する格子点を探し出し、その格子点と近傍の格子点で重みベクトルを入力データに近づけるように修正します。この修正を繰り返すことで、類似な入力データが近くに投影されるようにするのです。学習の進行に合わせて、重みベクトルの値を修正する割合を高め、修正の対象となる格子点の範囲を狭めます。

学習の打ち切りは、重みベクトルの収束をみながら判断することもありますし、ステップの最大回数を初めに決めておくこともあります。投影結果は重みベクトルの初期化に依存しますので一義的ではありませんが、入力ベクトル間の相対的な位置関係は定まります。

自己組織化写像の機能を簡単な例題でテストしてみましょう。入力データは赤(255, 0, 0)、緑(0, 255, 0)、青(0, 0, 255)を混ぜ合わせた3成分のベクトルで、薄い緑(64, 192, 64)と薄い紫(194, 64, 192)のまわりに乱数で20％までのばらつきをもたせて、全部で50個つくります。薄い緑のグループはg、薄い紫のグループはpとラベルをつけます。

入力データの類似度は、入力ベクトル成分の差の2乗和で表します。出力空間は2次元で、10×10個の格子点を配置します。格子点の数が入力データより多いので、入力データが投影されない格子点もでます。学習の反復回数は30ステップで、その間に重みベクトルを修正する割合は初期の0・05から0・6まで増やし、修正する範囲は格子間隔の5倍から1倍まで減らしました。学習につれて、入力データと投影される格子点の重みベクトルの類似度は、平均値が1桁ほど上がってほぼ定常状態に達しました。

図2-2(a)は格子点に乱数で重みベクトルを配置した初期状態、(b)は学習を終えた最終状態での投影結果です。各格子点には正方形が割り振られ、入力データが投影された格子点にはそのラベルgかpが記入されています。格子点の色は重みベクトルが表す色ですが、白黒で表示されているので濃淡だけが読み取れます。

最初無秩序に投影されていた入力データは、学習によってpとgのグループに分かれて投

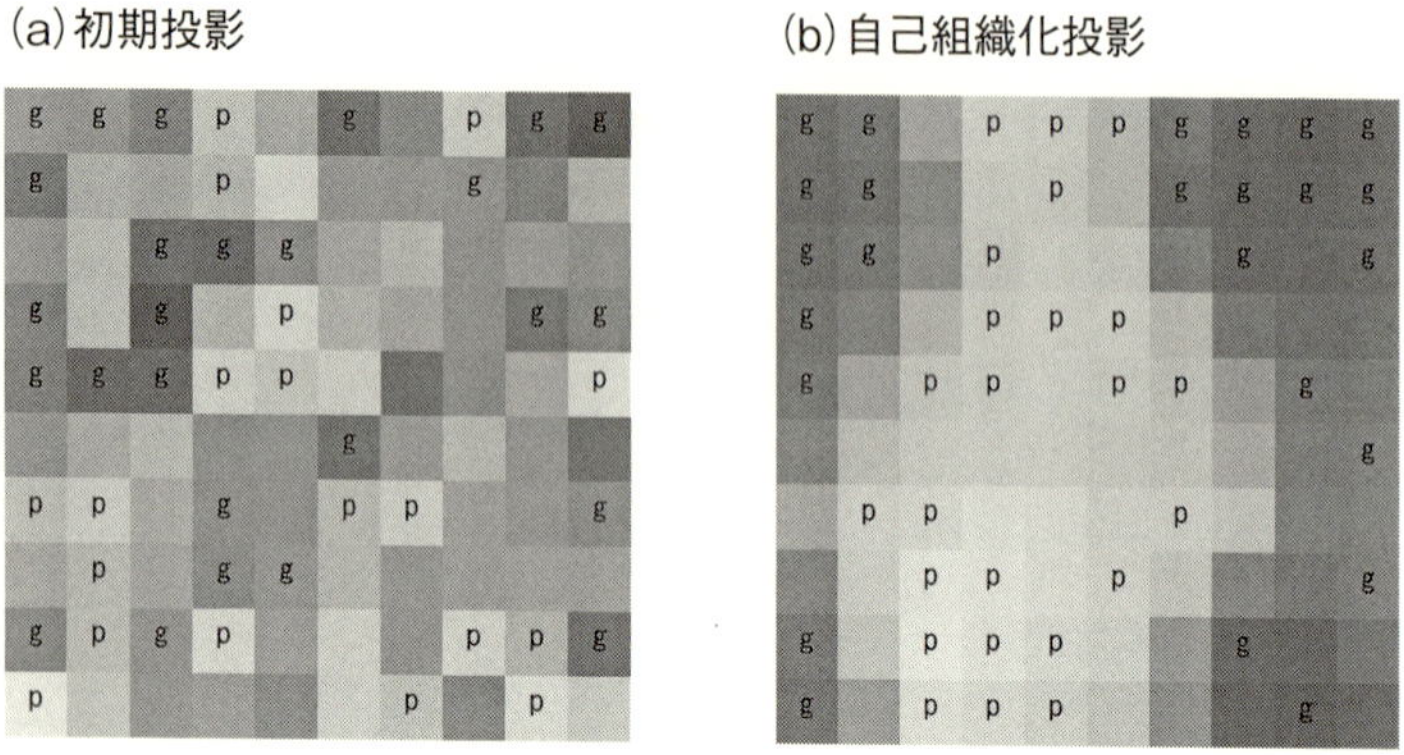

図 2-2　自己組織化写像の例．入力データは色を表す 3 変数のベクトルで，薄い緑(64, 192, 64)と薄い紫(194, 64, 192)のまわりに最大 20% までのばらつきをもたせたグループ g と p から成る．投影する空間は 10×10 個の格子点をもつ 2 次元平面である．(a)は重みベクトルをランダムに初期化した最初の状態での投影，(b)は学習によって類似な入力データが近接するように調整した状態の投影である．各格子点の色は重みベクトルが表現する色であるが，モノクロで印刷したので濃淡のみが判読できる．

影されるようになりました。最終状態は、pのグループが中央部にかたまり、それをgのグループが両側から囲むようにみえますが、格子点の周期性を考慮すると、2つのグループは各々が一続きに並んで、別の群を形成しています。入力データは作成の意図通りに分類されたのです。

自己組織化写像は入力データを類似度によって自動的に振り分けますが、投影結果をどう区分して分類するかは人間が決めます。図2-2ではテストのために2つのグループをつくりましたが、入力データの性質は通常事前には分かりません。学習後の投影結果をみて、分類の仕方とグループの境界を決めるのです。境界が決まれば、学習に用いない任意の入力データも、投影によって分類できます。

決定木

人工知能にはANN以外にも様々な技術が使われています。そのひとつに予測の問題にもよく使われる**決定木**《けっていぎ》があります。決定木とは、状態の場合分けを繰り返して、樹木が幹から枝に分かれるようにつくられる構造です(図2-3)。通常は2分割を重ねて枝を広げ、複雑な場合分けには分割の回数(層の深さ)を増やして対応します。

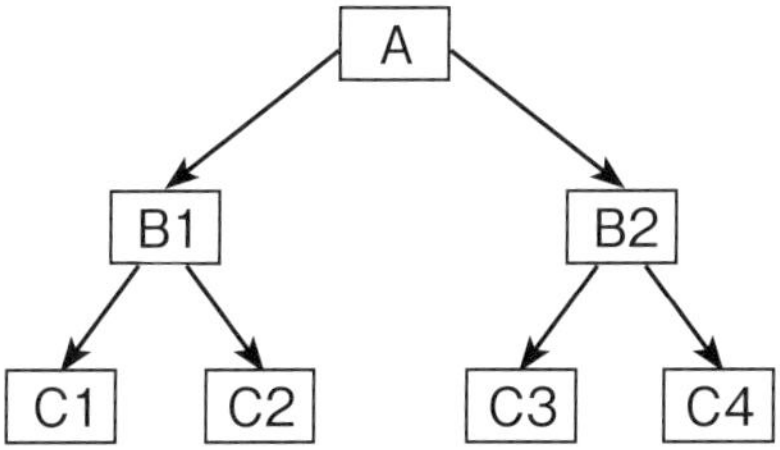

図2-3　決定木．状態Aが条件によってB1とB2に場合分けされ，さらにB1がC1とC2に，B2がC3とC4に場合分けされる．このような分割を繰り返して，樹木が幹から枝に分かれるような構造がつくられる．

決定木の簡単な例として、台風の進路を場合分けする問題を考えましょう。図2-3でAは現在の台風の状態を表すものとします。将来の展開の可能性をまず2つに分けて、B1は台風が日本に接近する場合、B2は遠洋を通過する場合を表すとします。B1をさらに分けて、C1は日本に上陸する場合、C2は近海を通過する場合です。またB2を細分して、C3は前線の刺激などで日本に影響する場合、C4は日本に影響がほとんどない場合です。こうしてA、B、Cの3層の深さをもつ決定木ができました。

この決定木は台風が日本にどう影響するかを分かりやすく整理する上で便利です。また、分類された各々の状況でどんな対応策をとるかを検討するときにも使えます。過去の事例を集めてどの場合が起こったかを数え、各々の発生確率を見積もることもできるでしょう。

決定木は様々な目的に使われ、枝の内容や分割の条件が状況に応じて臨機応変に変えられることも少なくありません。決定木を分類や予測に用いる解析技術として**ランダムフォレスト法**をみましょう。その実際の活用例は第5章に登場します。

ランダムフォレスト法はANNのように入力データから出力を得る方法です。出力は予測の場合は目的とする予測値であり、分類の場合は分類される項目です。出力を得るために、ANNは入力データに多段階の変換を施しますが、ランダムフォレスト法は入力データから分岐する多数の決定木をつくり、末端の枝に出力値をおきます。

決定木をつくるための学習には、入力データと既知の出力値を組み合わせた多数の教師データが使われます。教師データから一定の個数をランダムに選び出し、選択された入力データの集まりを適切に分類する決定木をつくります。決定木の深さはあらかじめ決めておき、末端の枝に、そこに分岐した教師データの出力値(複数の場合は出力値の平均)をおきます。ランダムな選択を繰り返して森(フォレスト)になるような多数の決定木をつくることから、ランダムフォレスト法と名づけられました。

決定木をつくるときには、入力データができるだけ均等に枝の末端まで分配されるように分割の仕方を工夫します。分配が偏るときは、分割の条件を調整します。予測や分類の柔軟性を高めるためには、多様性に富む決定木の森をつくることが重要ですので、分割の条件や分割に用いる入力データ成分の組み合わせを変えるなどして、決定木の多様性を高めます。

学習によって多数の決定木がつくられたら、任意の入力データに対応して各々の決定木から出力値が得られます。この多数の出力値の分布から、最適の出力値を求めます。たとえば、出力値のうちで他の出力値と大きくはずれるものを除外してから、残りの平均値を求めて最適値とし、分布の範囲から誤差を見積もります。

深層学習

ANNの初期モデルとしてパーセプトロンがつくられて、人工知能の研究が始まったのは1950年代後半です[4]。このときに人工知能に最初の社会的なブームが訪れましたが、実用的な応用が進まずにブームは衰退しました。1980年前後に始まった次のブームでは、医療などの専門知識をコンピュータに投入して診療などに活用するエキスパート・システムがつくられました。しかし、専門知識を入力したり取り出したりする大変さから、このブームも長続きしませんでした。

人工知能には自分で情報を吸収する学習機能が重視されるようになり、2000年代に**深**

層学習（ディープラーニング）の技術が出現して現在のブームを迎えます。深層学習はＡＮＮの隠れ層を何重にも重ねて多層化し、抽象度の高い情報を抽出する技術です。層の厚さは数十層から数百層にもなります。深層学習を用いた画像解析技術は、映像から人間の顔を認識して特定な個人と対応づけられるまでになっています。

深層学習が実用化できたのは、誤差逆伝播法などのＡＮＮ解析技術が進歩した上に、コンピュータの性能が向上して多層化で生じる膨大な未定数が計算できるようになったためでもあります。また、インターネットの普及で学習に用いる膨大なデータが容易に採取できるようになったことも寄与しています。深層学習はコンピュータ技術の総決算として生まれたともいえるのです。

ＡＮＮは何も工夫せずに多層化すると、変換を重ねるたびにノイズが累積して意味のある出力が取り出せません。多層化を有効にする技術はいくつかあり、目的に応じて使い分けられます。

画像解析などで威力を発揮するのは畳み込みニューラルネットワーク（ＣＮＮ）です。この技術は前の層から次の層への変換でニューロン間の連結を特定な組み合わせに限定します。画像データの変換では２次元平面上で近接する点の間に強い結合が期待されます。そこで、それ以外の連結を断ち切ることで２次元データの特徴が活かされ、無用な誤差の混入が避けられます。

時間的に変化するデータの解析には再帰型ニューラルネットワーク（RNN）が使われます。この技術は一連の作業の流れで以前の学習内容を記憶して学習に利用します。たとえば、音声から文字を取り出す際に、前に出てきた文字と関連づけることで次の文字が判定しやすくなり、作業が正確さを増します。言葉の意味を把握しようとするときも、前の言葉からのつながりが役に立ちます。

実際の人工知能には、自動車の自動運転で畳み込みと再帰型の技術が両方使われるように、しばしば複数の技術が組み合わされます。データの変換は入力層から出力層に単調に伝達されるだけでなく、戻ったり分岐したりすることがあり、人工知能の構造はときには非常に複雑になります。学習の方法も多様で、教師あり学習と教師なし学習が併用されたり、シミュレーションと組み合わされたりもします。

深層学習の成果として、２０１２年にはグーグルとスタンフォード大学の共同研究で人工知能が画像データから猫を認識できるようになったと話題になりました。２０１６年にはグーグルが開発した人工知能アルファ碁が囲碁で世界最強の棋士を負かしました。

猫の認識は、ユーチューブで集めた１０００万枚の画像を使った教師なし学習の成果です。入力する画像に猫が写っていると、特定なニューロンが反応するようになったといわれています。アルファ碁は畳み込みニューラルネットワークのシステムで、碁石の配置と数手前までの指し手を入力して次におく碁石の位置の優劣を確率で出力します。学習の過程で様々な打ち手が導く結果を比較するために、決定木を用いたモンテカルロ木探索でシミュレーションがなされます。

次章からは地震、噴火、気象現象などの自然現象の予測に人工知能技術を利用した研究事例を紹介します。紹介する事例を含めて、現在までに予測の問題に利用されてきた人工知能技術は、隠れ層が2層程度までのANNなど、ほとんどが比較的単純なもので、深層学習の範疇には入りません。深層学習は予測の問題にはまだ本格的に活用されていないのです。

人間の脳の発達

人工知能は人間の能力に到達することを目標に開発が進められてきました。それでも、現状では人工知能と人間の間には能力に大きな隔たりがあります。人工知能は認識の機能で人間に近づいたとはいえ、判断の多様さや着想の豊かさでは人間に遠く及びません。感情や情緒など、人工知能がまだほとんど踏み込めない領域もあります。

人工知能の発達は今後も人間の能力を参照しながら進むでしょう。人間がどんな能力をもつかについて全体像を描くのは簡単ではありませんが、能力を人類がどのように獲得してきたかはよく理解されていません。本章を終えるにあたり、その概要をまとめてみましょう。

人類は類人猿の仲間であるゴリラやチンパンジーと700万〜500万年前に分岐しました。[5,6] 分岐とは、新しい遺伝子の体系が古い体系と分かれて生まれることです。生物の性質は遺伝子に保持されて子孫に伝えられます。遺伝子の実体はデオキシリボ核酸（DNA）の分子配列です。遺伝子は雌雄の交配や突然変異などによって変化しますが、環境などへの適応性が特に優れた変化は、次々と転換を重ねて新しい生物種を生み出します。これが生物種の分岐です。

人類が類人猿の他の仲間から分岐した時期に、地球は寒冷化が進んで乾燥し、大陸では森が草原に変わっていきました。このときにゴリラやチンパンジーは森にとどまりましたが、人類は草原に進出しました。食料の争奪戦に破れて森から追い出されたというのが実状でしょう。アフリカ大陸の東側で起きたこの出来事を契機に、人類は草原に適応して後ろ足だけで歩く二足歩行の能力を獲得しました。

アフリカなど世界各地に出土する人類の骨から、人類の進化の歴史がたどれます。それによると、人類は分岐を繰り返しながら猿人から原人、旧人、新人（現生人類）へと進化してきました。二足歩行によって人類は手が自由に使えるようになり、石器や木器などの道具を使用するようになりました。さらに火も扱うようになりました。道具や火の操作をこなすためには脳も発達する必要があったのでしょう。300万年前ころから人類の脳の容積は急に増加しました（図2-4）。

現生人類であるホモ・サピエンス（ヒト）が出現したのは20万年前ころで、脳の大きさは猿人の3倍にもなっていました。現在の地球上に生存する人類はすべてホモ・サピエンスの子

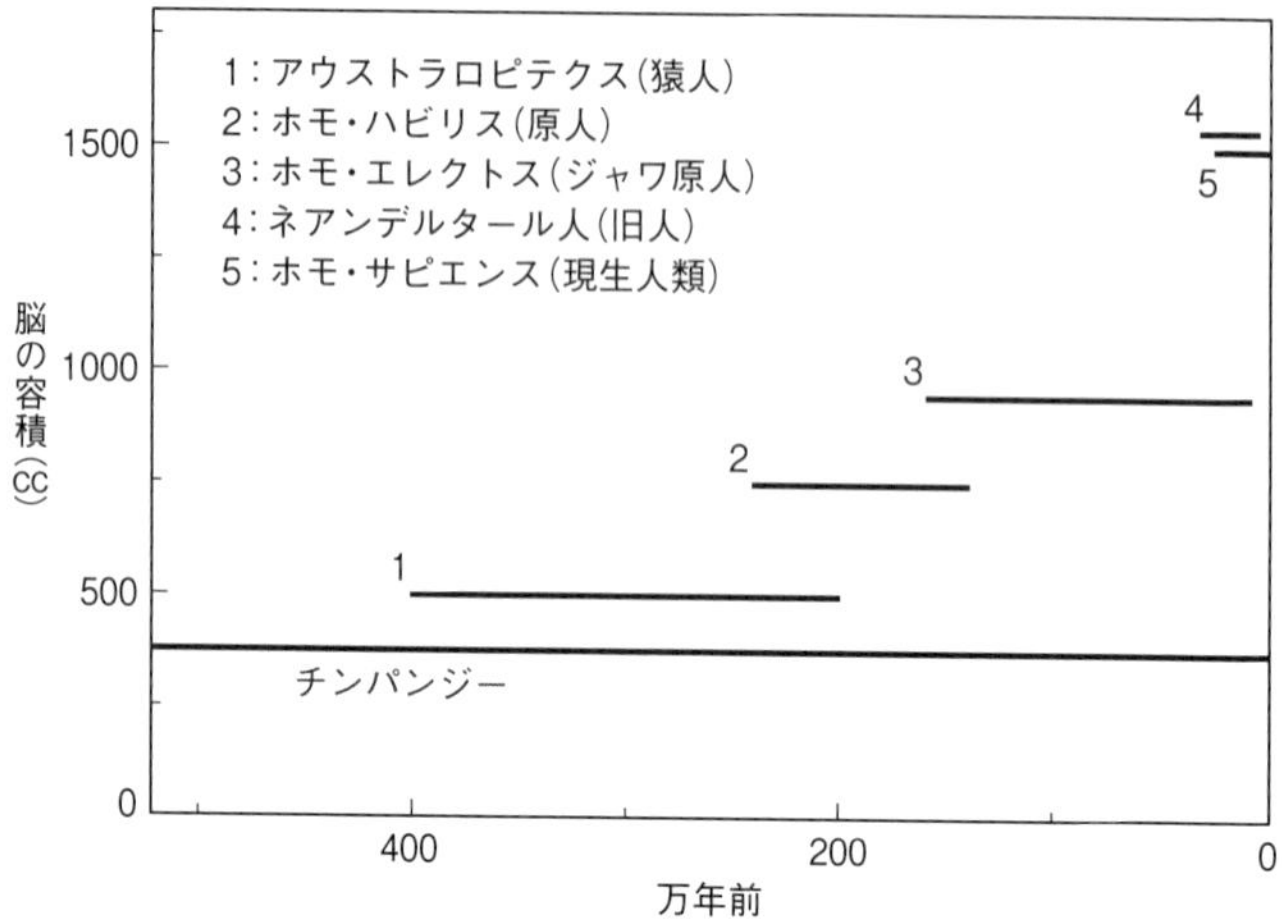

図 2-4　人類の生息年代と脳の容積（データは[6, 7, 8]）．初期人類のうちで生息年代や脳の容積が比較的明確に定まっている種を取り上げる．人類は猿人，原人，旧人，現生人類と進化してきた．

孫です。それ以外の初期人類はすべて絶滅しました。現生人類以外の初期人類が最後に絶滅したのは、15万年前ころから始まった最後の氷期のときです。

約１５００万年前から地球は徐々に寒冷化し、南極と北極には永久氷河ができていました。６００万年前ころからは寒冷な氷期と温暖な間氷期が10万年前後の周期で繰り返すようになり、その温度差は時代とともに拡大しました。最後の氷期は生物の生存に極めて過酷な環境になり、他の初期人類はすべて絶滅し、現生人類の数も激減しました。ダーウィンが進化論でとなえた適者生存の原理がはたらいたのです。

このように、人間の能力は生き残りをかけて環境に適応するように発達してきました。この過程で大きくなった脳は何に使われたのでしょう。ひとつは道具や火を制御するために必要だったはずです。もっと重要なのは、人間同士で情報や意思を交換する言語を発達させるためだったでしょう。言語を使って、人類は他の動物よりずっと複雑で緻密な集団行動がとれるようになったのです。

言語はさらに人間の能力に異質の進歩をもたらしました。人間は言語を用いて頭の中に抽象的な世界を描き、思考するようになったのです。思考によって、人間は自然について、また人間自身について深く認識し理解するようになりました。間氷期に入って環境が温暖になると、人類は農業を始め、食料を自分で生産するようになります。これを契機に地球に文明が開花するのです。

このように、人間の能力は環境との過酷な戦いとともに発達してきました。生き延びるために磨かれてきたともいえるでしょう。その意味で、人間の能力の獲得は環境との相互作用と切り離せません。将来、人工知能が人間の能力に到達したときに、その先の進歩は何が決めるのでしょうか。

第3章　気象現象の予測

この章とそれに続く2つの章では、自然災害の原因になる気象現象、噴火、地震・津波をひとつずつ取り上げて、現象の基礎知識と予測の現況を概観してから、人工知能技術の活用事例をみていきます。これらの活用事例をふまえて、第6章で人工知能技術の予測への利用について総合的に評価し、今後の発展の可能性を探ります。

第3章のテーマは気象現象です。気象現象については大気運動の計算に基づく演繹的な予測手法が確立されており、天気予報などを通して予測への活用が定着しています。この枠組みの中で人工知能技術は予測にどう寄与できるのか、具体的な活用事例を通して考えます。

大気の構造

惑星の大気の状態は主に重力に支配され、温度にも影響を受けます[1]。水星は質量が小さく重力が弱いので、高温で運動速度の大きい気体分子はすべてが重力圏から逃げ出して、大気は実質的には存在しません。逆に質量の大きな木星は、温度が低いこともあって強い重力で軽い元素も捕獲して、大気は太陽系に最も豊富な水素とヘリウムを主成分とします。

大きさが水星と木星の中間にある金星は、軽い水素やヘリウムは逃がしましたが、太陽系に次に豊富な酸素と炭素から二酸化炭素をつくり、それを大気の主成分としました。二酸化炭素の主要な部分は、惑星形成後に火山活動などで内部から噴出したものです。さらに、その次に量の多い窒素も大気中に含みます。火星の大気も金星と似た化学組成をもちますが、重力が弱いので濃度は希薄です。

地球は金星とほぼ同じ大きさですが、太陽と適当な距離を隔てているために、水が液体状態で保持される温度になりました。この偶然のおかげで地球の表面には海ができ、形成直後に存在したはずの二酸化炭素は多量に海に吸収されました。海にはさらに生命が誕生し、光合成で二酸化炭素を分解して酸素をつくりました。このような経緯で地球の大気は窒素と酸素が主成分になったのです。

地球の大気は、上空では分子が一部分電離してイオンになっているために、電磁場の影響を強く受けます。そこで、地球の支配下におかれる大気の範囲(磁気圏)は、太陽から押し寄せる水素イオンやヘリウムイオンの流れ(太陽風)と地球磁場の相互作用で決まります。磁気圏の高さは、太陽側では地球の半径(約６４００㎞)の10倍ほどです。地表からの高さがおよそ３００㎞より下では、重力の影響が強まって大気はほぼ高さだけに依存する成層構造をとります。ここが**大気圏**です。

大気圏の温度と圧力の分布を図3–1に示します。圧力は高さとともに急激に（指数関数的に）減少し、地表付近では高さが５km上がるごとにほぼ半分になります。大気の濃度はほぼ圧力に比例し、高さが１００kmの地点では大気中の分子の数は地表の１００万分の１しかありません。一方、温度は上がり下がりを繰り返し、その極値を境に大気圏を下から**対流圏**、**成層圏**、**中間圏**、**熱圏**に分けます。

熱圏では分子の一部が電離してイオンになっており、豊富な電荷をもつ電離層は地表から発した電波を反射します。対流圏、成層圏、中間圏は基本的には中性の分子からできており、よくかき混ぜられて組成もほぼ一様です。その主成分の窒素と酸素の割合（分子数の比）はほぼ４対１（78対21）です。気象現象にとって重要な水蒸気は約０・３％含まれますが、その量は場所や状態で変わります。

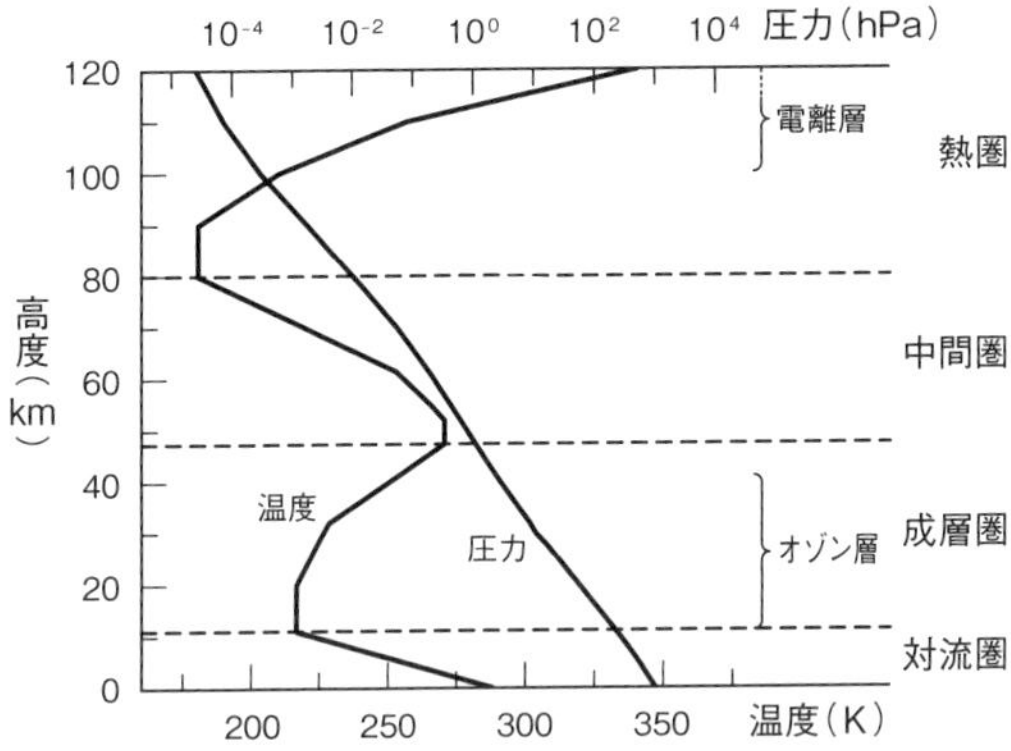

図3–1　大気圏下部の構造と温度・圧力の分布[1]．圧力は高度とともにほぼ指数関数的に減少する．温度は単調には減少せず，オゾン層や電離層での太陽エネルギーの吸収によって上昇と下降を繰り返す．温度の下降と上昇が切り替わる高さを境に，大気圏を下から対流圏，成層圏，中間圏，熱圏に区分する．

大気や海洋を含めて地球表層部の状態を支配するのは、太陽から電磁波として入射するエネルギーです。太陽起源のエネルギー流量は地球の位置で1370W／㎡と見積もられ、この値は太陽定数とよばれます。ただし、エネルギー流量は一定ではなく、黒点などの太陽表面の活動に応じて0・1％程度変動します。熱は地球内部からも流出しますが、その量は太陽エネルギーの入射量の4000分の1にすぎません。

太陽エネルギーは太陽表面の温度に対応して主に可視光として放射され、地球の大気にほとんど吸収されずに地表近くまで到達します。ただし、熱圏では分子が紫外線や軟X線を吸収してイオン化します。また、成層圏では酸素分子が紫外線を吸収してオゾンになります。成層圏と熱圏で高さとともに温度が上昇するのはこのためです。太陽エネルギーは地表や雲で反射されるために、地表付近で実際に吸収されるのは入射エネルギーの70％程度です。

太陽から入射するエネルギーと同じ量が平均的には地球から電磁波として宇宙空間に放射され、地球の温度を定常状態に保ちます。地球表面の温度は太陽よりずっと低いので、地球から放射される電磁波は赤外線になります。ところが、赤外線は大気中の二酸化炭素や水蒸気に吸収されるので、これらの気体の量が増えるとエネルギーが逃げにくくなり、地球の温度は上昇します。これが**温室効果**です。

地表付近の気象現象を支配するのは対流圏で発生する大気の**対流**です[2]。対流圏は上空ほど低温なので大気が重力的に不安定になります。厳密には圧力の効果で上空ほど低密度になるので、大気の安定性は温度だけでは決まりませんが、温度差がある程度より大きくなるとやはり重力不安定が生じて対流を起こします。対流に乗って上昇する水蒸気は凝結し、雲を生み雨や雪を降らせます。

大気の運動

地表付近の大気は主に水平方向の温度差に駆動されて対流します[1、2]。対流で大気は高温の地域で温められて上昇し、上空を移動してから降りてきて、低温の地域を温めます。対流は熱を高温の側から低温の側に運んで温度差を緩和するのです。対流を駆動する浮力は大気の温度が上空ほど低いときに働くので、対流の及ぶ範囲は基本的には対流圏に限定されます。

水平方向に温度差が生ずるのは、太陽エネルギーの入射量や吸収量に地域差があるためです。特に顕著な地域差は緯度方向に生じます。太陽エネルギーの入射量は太陽光が真上から差し込む赤道付近で最も高く、太陽光が夏季だけに斜めに差し込む極地方の2倍以上になります。

もし大気が地表と熱をやり取りしながら低緯度側に移動し、上昇して上空を高緯度側に移動してから下降すれば、この対流で熱は高緯度側に運ばれます。しかし、現実の対流はこれよりはるかに複雑で、対流によって熱がどう輸送されるかも簡単には見極められません。対流を複雑にする原因は様々ですが、特に重要なのは地球の自転に伴う**コリオリカ**の効果です。

コリオリ力は地表に固定した座標軸が地球の自転とともに回転するために生じます。水平運動をする物体に働いて、運動方向を上から見て北半球では右回りに、南半球では左回りに回転させます。コリオリ力の大きさは赤道上ではゼロであり、緯度とともに増加します。コリオリ力は私たちが移動するときにも作用しますが、日常的に受ける慣性力や摩擦力よりずっと弱いので、その存在にはほとんど気づきません。しかし、浮力の微妙なバランスに支配される大気の運動には強い影響を及ぼします。

緯度方向の温度差によって上空では高緯度側に向かう大気の流れが生ずるはずですが、流れはコリオリ力に強く曲げられて実質的には西風になります。これが**偏西風**です。大気の上昇流や下降流は地表に低気圧や高気圧をつくってあちこちに生じますが、北半球の地表付近では、コリオリ力のために高気圧からまわりに流れ出す大気は右回りに、低気圧に流れ込む大気は左回りに強く渦を巻きます。

このように、圧力の低い側に流れようとする大気の運動はコリオリ力に強く曲げられます。水平方向の運動は主に圧力勾配とコリオリ力に支配されるのです。この2つの力が釣り合う状態の流れは**地衡風**とよばれます。空間的に規模の大きな流れはほぼ地衡風で近似されます。対流は密度差に伴う圧力勾配で生じますが、コリオリ力は流れの方向を大きく変えて、圧力勾配の効果を強く抑制するのです。

圧力勾配とコリオリ力が釣り合い、さらに鉛直方向にも重力平衡が成立すると、大気は平衡状態におかれて一定の状態を保持します。例として、地表に高気圧と低気圧が東西方向に並んで存在するときに、平衡状態で地表と上空で大気の流れと圧力の分布がどうなるかを図3-2に示します。ここで想定するのは北半球の温帯の大気で、温度は北にいくほど低くなります。

この平衡状態では、地表付近の大気は高気圧と低気圧のまわりを回るだけです。地表の圧力分布が上空に及んで、偏西風は高気圧の上で高緯度側に、低気圧の上で低緯度側に曲げられて蛇行します。地表付近で高気圧や低気圧が活動し、上空で偏西風が蛇行するのは温帯の大気の日常的な姿です。上空の圧力勾配は温度勾配に対応しますが、それが増大して不連続に近くなると、流れはジェット気流として集中し、上空の不連続が地表に及ぶと前線をつくります。

実際の大気の運動は、摩擦力などによって運動エネルギーが散逸されて平衡状態からはずれます。大気は渦を巻きながら高気圧から低気圧に向かい、低気圧の範囲に上昇流が、高気圧の範囲に下降流が生じます。上空では大気は偏西風に流されながら高緯度側に移動します。地表付近の状態は偏西風に引きずられて西から東に移動します。太陽光の入射が日変化や季節変化をし、陸と海で太陽光の吸収の仕方が異なることも反映して、大気の状態は時間とともに変化します。

気象現象にとって重要なのは、大気とともに移動する水蒸気の状態変化です。水蒸気は海

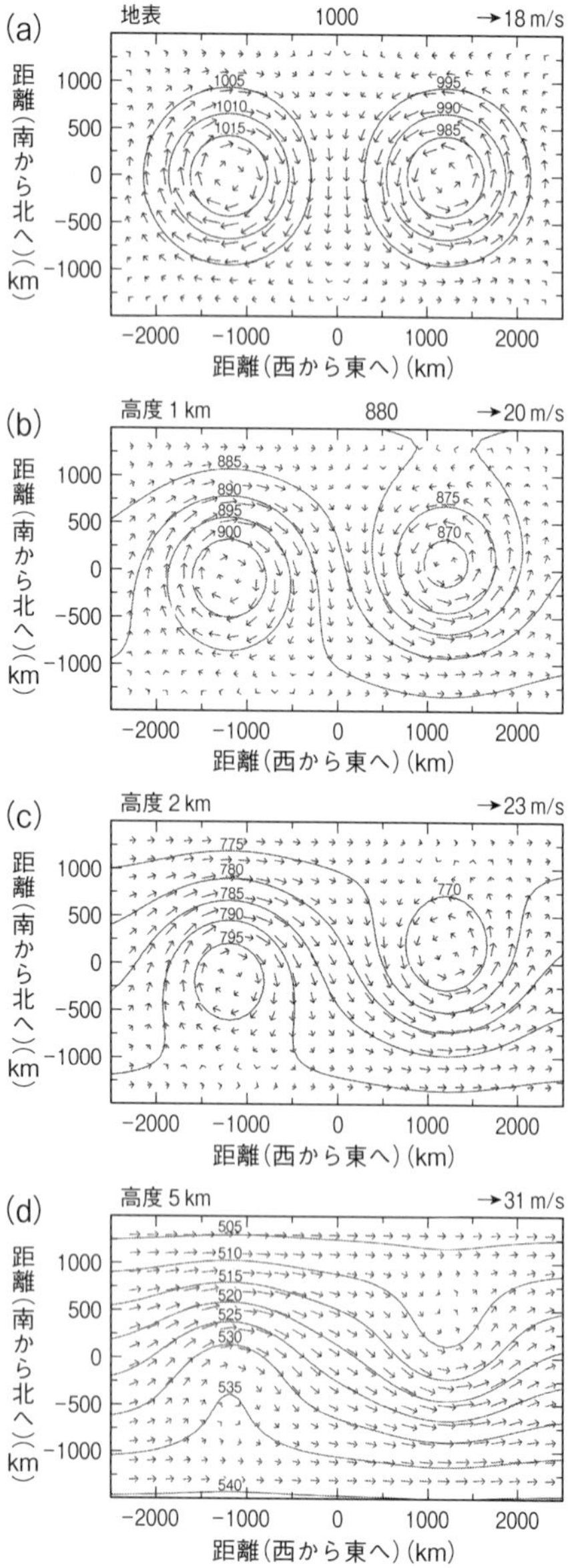

図 3-2　平衡状態におかれた大気の流れと圧力分布の計算例[3]．(a)地表，(b)高度 1 km，(c)高度 2 km，(d)高度 5 km．圧力は等圧線(数値の単位は hPa)で，流速は矢印で(大きさは右上の凡例と対比して矢印の長さで)表現する．地表には高気圧と低気圧が東西方向に並んで地衡風の状態にあるものとする．地表と上空の状態は鉛直方向の重力平衡の条件で結ばれる．北半球の温帯(北緯 45° 付近)を想定し，温度は北にいくほど低くなる(3000 km の範囲で 30℃ から 0℃ まで下がる)ものとする．

洋上などで蒸発して大気に入り、低気圧や前線で生じる大気の上昇流の中で凝結して水滴や氷滴になります。水滴や氷滴は微粒子として空中に浮いて雲になり、成長して地表に雨や雪を降らせます。水蒸気は単に受動的に大気に運ばれるだけでなく、凝結時に潜熱を発生して大気の上昇を加速します。

天気予報の方法と限界

天気予報は大気の運動や状態変化の計算結果を基礎にします[4]。計算は各種の観測データで変数を調整しながら将来に向けて常時行われ、天気予報に活用されます。計算に使われる水平方向の格子点の間隔は、世界全体については20km程度、日本付近では5km程度とされます。この分解能は決して十分とはいえませんが、格子点の間隔をあまり小さくすると計算に時間がかかり、予報に間に合わなくなります。

大気運動の計算では、運動方程式、質量とエネルギーの保存則、状態方程式が連立され、大気の流速、圧力、温度、密度が各格子点で時間を追って決められます。水平方向の運動方程式には圧力勾配とコリオリ力が考慮されますが、粘性力は無視されます。鉛直方向には重力平衡（静力学平衡）が仮定されて圧力が計算され、流速は水平運動とつじつまを合わせるように質量保存則から計算されます。

温度を計算するためにはエネルギー保存則が考慮されます。密度は圧力に比例して絶対温度に反比例するという理想気体の状態方程式で計算されます。大気の圧力と温度に対応して水蒸気の凝結や気化の可能性が検討され、それに伴う潜熱が見積もられます。以上の方法で大気の運動や状態変化を計算する方法は**プリミティブモデル**とよばれます。

プリミティブモデルには気象現象にとって重要な複数の物理過程がまだ考慮されていません。たとえば、太陽光は地表で吸収されてエネルギーを大気に渡します。そのときに雲の反射は太陽光の地表面への入射を妨げます。地表は運動の境界面として大気の運動に抵抗力を及ぼします。さらに、積乱雲のように格子間隔より小さなスケールの現象が存在します。

これらの物理過程は厳密に取り扱うのが難しいので、その効果を適当なモデルで近似して、大気の運動や状態変化の計算に組み込みます。この扱いは**パラメータ化**(パラメタリゼーション)とよばれ、様々な気象現象を含めた総合的な計算を可能にします。しかし、各種のモデルの不確かさが計算精度を制約し、予報に誤差を生む原因になります。

運動方程式などに基づく天気予報(数値予報)のもうひとつの制約は、一連の方程式系がカオスの性質をもち、長期的な予測に使えないことです(第1章参照)。この問題点を考慮して、数日以上先の予報には、異なる初期条件で計算した結果を比較してアンサンブル予報が出されますが、予報が大きな曖昧さを含むことは避けられません。

気象現象の演繹的な予測がもつこれらの弱点は、人工知能技術を用いた経験的な予測で補えるでしょうか。それを考える題材として、まず熱帯低気圧の進路予測に人工知能技術を活用した事例を取り上げます。また、長期にわたる予測への活用には、モンスーン地帯の雨季の降雨量の変動を予測した事例があります。少し変わった応用例として、樹木の年輪から過去の気象条件を復元する事例をみましょう。

人工知能技術の応用例は他にもあります。たとえば、人工衛星のデータを用いて降雨量を予測するシステムがつくられています。また、自己組織化写像で北大西洋の気候条件を分類したり、人工衛星から見える雲の構造を分類したりする研究があります。これらの事例は、背景となる気象学的な知識や利用する人工知能技術が多少複雑なので、ここでは詳細に立ち入りません。

熱帯低気圧の進路予測

熱帯低気圧は、熱帯の海洋上で誕生して急速に発達しながら温帯側に移動し、通過する範囲に強風と豪雨をもたらします。発達して風速などがある程度以上に強まると、東アジアでは台風、大西洋周辺ではハリケーン、インド洋周辺ではサイクロンとよばれて、警戒の対象になります。熱帯低気圧の進路を正確に予測することは、強風や豪雨などによる災害に備える上で極めて重要です。

熱帯低気圧を生み出すのは熱帯で加熱された高温の大気です。この大気は海洋上で蒸発する多量の水蒸気を含み、強い上昇気流と周辺から渦を巻いて吹き込む強い風を伴います。上昇気流の中では多量の水蒸気が凝結し、激しい雨を降らせます。凝結の際に生ずる潜熱は熱帯低気圧が活動する重要なエネルギー源です。熱帯低気圧は、構造の維持にコリオリ力が必要なので、赤道の真上から南北に数度以上離れた場所で発生します。

熱帯低気圧の移動は多分に受動的です。熱帯では貿易風に乗って西に移動し、温帯に入ると偏西風に流されながら高気圧の隙間を高緯度側に移動します。進路が熱帯と温帯にまたがり、周辺の気圧配置などの微妙な変化に影響されることから、進路の予測は簡単ではありません。数日以上先の予測がカオスの影響を受けることもあり、気象庁は進路予測にアンサンブル予報を用いています。

熱帯低気圧の進路は過去に多数の記録が残されているので、進路予測にそれを活用する方法もあります。過去の記録を人工知能の学習に用いて、進路の予測システムをつくるのです。インド洋周辺のサイクロンに適用された事例[5]を以下にみましょう。

この事例で予測に使われたのは、入力層と出力層だけで構成される簡単なANN(人工ニューラルネットワーク)です。隠れ層を加えたシステムも試行したそうですが、よい結果は得られなかったとのことです。このシステムでは、現在、6時間前、12時間前のサイクロンの位置(緯度と経度)が入力されて、24時間後に予想される位置が出力されます。

教師データとしては、1971〜82年に発生した131個のサイクロンの軌跡から1713点の位置が取り出されました。この中から入力条件に合う通過点の組を入力データ

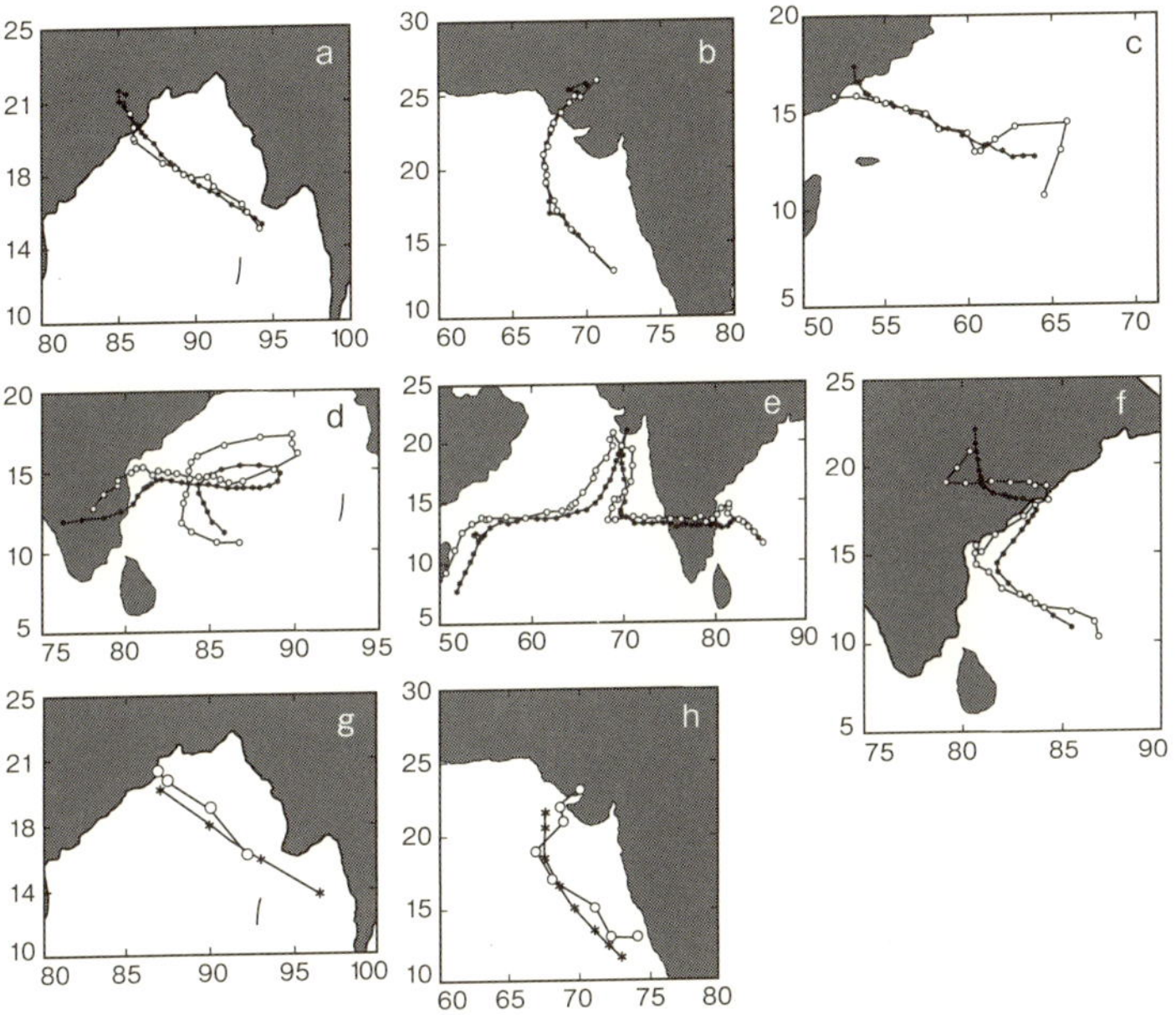

図 3-3　ANNを用いたサイクロンの進路予測[5]．横軸は東経，縦軸は北緯．サイクロンの軌跡上の＊は実測位置，○は予測された位置である．a～fはANNによる予測を実測と比較したテストの例で，発生時期はaが1999年10月25～31日，bが1999年5月16～22日，cが2002年5月5～10日，dが1996年11月26日～12月7日，eが1996年10月14日～11月2日，fが1996年5月11～18日である．gとhの○は，aとbと同じサイクロンについて演繹的と経験的な手法を組み合わせて予測した結果である．

として選び、出力に対応する実際の位置を学習に用いたのです。得られたシステムを1996年以降に発生した代表的なサイクロンに適用した結果を図3-3のaからfに示します。各々の図で予測結果を○で、実際の位置を＊で示します。

予測が実際の位置とかなりはずれる場合もみられますが、大規模なサイクロンであったaとbは進路をかなり正確に予測できているようです。この2つのサイクロンについては、演繹的な計算も交えた他の方法で得た予測結果をgとhに示します。この予測結果と比較しても、ANNを用いた経験的な予測は精度が高いようです。

モンスーン地帯の降雨量の変動

海水は岩石や土壌より熱容量がずっと大きいので、地面が受け取る太陽エネルギーの季節変化に対応して、大陸と海洋の間に温度差が生じます。大陸の温度は、夏は海洋より高く、冬は海洋より低くなるのです。この温度差のために、夏は海洋から大陸に向けて、冬は大陸から海洋に向けて風が吹きます。これが**季節風**（**モンスーン**）です。ただし、風はコリオリ力に曲げられ、各地域や全世界の気象条件にも左右されるので、季節風には多様性があります。

季節風はユーラシア、アフリカ、北米などで大陸の内部や周辺に存在が認められますが、広域にわたって影響が顕著なのはアジアの南部や東部に生ずるアジアモンスーンです。特に、インドでは海洋から吹き込む風がヒマラヤ山脈に近づきながら上昇気流をつくるので、夏は降水量の極めて多い雨季になります。雨季の時期や降雨量は穀物生産を左右するので、その予測には多大の努力が払われてきました。

季節風による降雨量の予測は、予測する期間が長いので、カオスの効果で大気運動の計算に基づく演繹的な手法が適用できません。そこで、経験的あるいは統計的な予測が主流になり、人工知能技術を用いた研究もいくつかなされています。ここでは比較的単純なANNを用いた研究[6]を紹介します。

インドでは降雨量は長期にわたって記録されているので、それが学習の教師データになります。雨季は5月末に始まり、降雨量の多いのは6～9月の4か月間です。そこで、この4か月と雨季全体の降雨量の5変数で雨季の状態を表現することにします。予測には過去5年分の降雨量を使うので、入力層は25個のニューロンをもつことになります。

この入力に対応して、翌年の降雨量が6～9月の各月と雨季全体について出力されます。この5変数を出力層のニューロンにする代わりに、この研究では5変数の各々を独立に出力する5本のANNがつくられました。隠れ層には2つと4つのニューロンをもつ2層がおかれました。

学習には1876年から1960年までの降雨量のデータが使われました。データから連続する6年分を順次取り出し、5年分を入力、最後の1年分を出力とする教師データをつくったわけです。学習は各月と雨季全体の出力に対応する5つのANNについて独立になされ

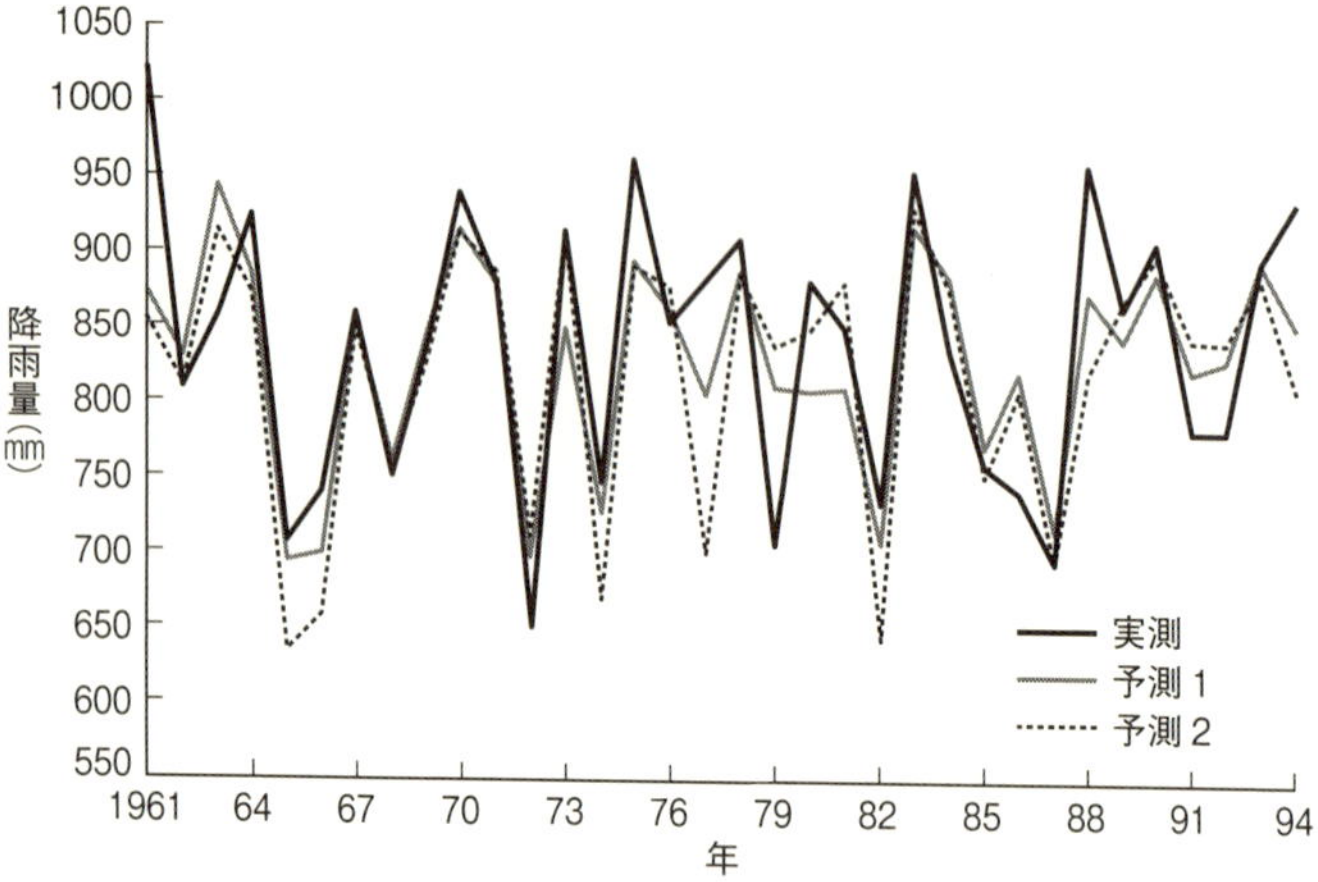

図 3-4　ANN で予測されたインドの雨季全体の降雨量を実測値と比較する[6]. 予測 1 は, 6〜9 月の各月と雨季全体の降雨量が現在と過去 4 年間にわたって入力されて得られた翌年の降雨量である. 予測 2 (点線)は, 現在と過去 3 年分のデータに 1 年後の予測値も加えて, 2 年後の降雨量を予測した結果である.

ました。

ANNの予測システムを1961年以降のデータを用いてテストした結果の一部を図3-4に示します。この図は雨季全体の降雨量を取り上げていますが、論文には6〜9月の各月の予測結果もあります。いずれの結果をみても、予測は実際の降雨量と多少ずれがあるものの、変動の全体的傾向をうまくとらえているようです。

なお、図の点線(予測2)は現在と過去3年分のデータに1年後の予測値を加えて2年後の降雨量を予測した結果です。この予測には1年後の予測値の誤差も加わって予測の精度は落ちますが、それでも変動の傾向はつかまえられているようです。

この事例のように、カオスのために演繹的な予測ができない問題には、人工知能技術を用いた経験的な予測が威力を発揮しそうです。

過去の気象条件の復元

動植物の生育や人間の生活スタイルは、温度(気温)や降水量などの気象条件に強く左右されます。季節変化も含めた各地域の気象条件の特徴は気候とよばれます。気候の違いによって、世界は熱帯、温帯、寒帯に区分され、さらに熱帯雨林などの湿潤な地域と砂漠などの乾燥地に分けられます。

各地域の気象条件は時間的にも変化します。気象条件の急激な変化は豪雨や強風などによって時に大きな気象災害をもたらします。もっとゆるやかな変化も干ばつや冷害の原因になり、砂漠化などの気候の変化で住環境が大きく変わることもあります。

なお、気候の変化(気候変動)は演繹的には海洋の対流計算を基礎に予測されます。この計算手法では、大気は海洋の変動に合わせてすぐに定常状態に達すると仮定されます。気候変動の計算は、地球温暖化を評価する目的などに使われます。

気象条件が植物の生育にどの程度適するかを簡便に表現する指標として、パルマーの乾燥指数が知られています。パルマーの乾燥指数は、値0が正常な状態を意味し、湿潤な状態を正の値で、乾燥する状態を負の値で表現します。適度な乾燥は指数がマイナス2程度であり、それより指数が小さくなると過度に乾燥した状態になります。指数の値は、経験的に得られた関係式を用いて、降雨量と温度から見積もることができます。

現代は気象条件が各種の計器を用いて地表や上空から頻繁に観測されていますが、過去にさかのぼって気候の変動を調べるためには、樹木の年輪がよく使われます。樹木は成長とともに季節変化に合わせて年輪をつくり、年輪の順番は成長の時期を表します。さらに、年輪の厚さは環境が生育に適しているほど厚くなるので、その計測から生育した時期の気象条件が見積もれます。

枯れた古い樹木についても、樹木に含まれる炭素同位体などから基準となる年代が見積もられれば、年輪からその時代の環境条件が推測できます。樹木を用いて過去の気象条件を復元する手法は**樹木気候学**とよばれます。

樹木気候学で問題になるのは年輪の厚さと気象条件の関係です。この関係は、気象条件のよく分かっている最近のデータを用いて較正され、もっと古い時代の見積もりに適用されます。しかし、樹木の種類やおかれている環境にも依存するので、複数の樹木を用いて見積もるのが理想的です。このような見積もりには人工知能技術が威力を発揮します。

ANNを用いて年輪の厚さからパルマーの乾燥指数を見積もった研究事例[7]をみましょう。研究の対象とした地域は米国ニューメキシコ州北西部のブラックマウンテンとギラ国有林で、

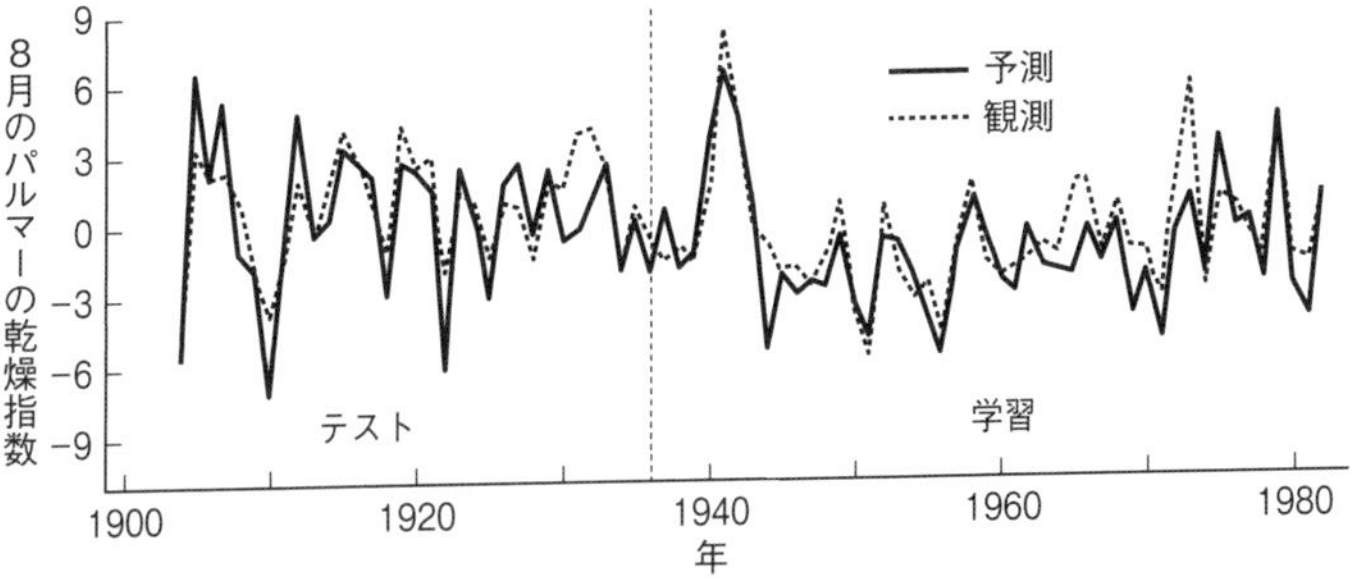

図 3-5　ANN を用いて樹木の年輪から復元された過去の気象条件[7]．気象条件は 8 月のパルマーの乾燥指数で表現され，解析にはブラックマウンテンとギラ国有林(米国ニューメキシコ州北西部)に生育した樹木が用いられた．学習には 1936–82 年のデータ(点線より右側)が，テストにはそれ以前のデータが使われている．

この地域は樹木が気候の変化に敏感だとされています。計測に使われた樹木はベイマツ、ポンデローサマツ、ハゲイトスギで、その生育年代は西暦937〜1987年の範囲にあります。

ANNの出力層にはパルマーの乾燥指数を表す1個のニューロンがおかれます。入力するのは年輪の厚さですが、試行錯誤の結果として、乾燥指数を計算する年とその3、6、9年前の厚さが使われました。各年に3個の年輪を用いるので、入力層のニューロンの数は12個になります。入力層と出力層の間には、20個のニューロンをもつ隠れ層1層がおかれました。

学習とテストには、気象観測からパルマーの乾燥指数が見積もられている20世紀のデータが教師データとして使われました(図3-5)。1936〜82年の8月のデータで学習され、それ以前のデータでテストされました。図では学習とテストの期間は点線で区切られています。

テストの結果を全体としてみると、年輪から予測されたパルマーの乾燥指数は、実際の気象条件の変化傾向をよくとらえているようです。予測と実測の間の相関係数は０・８５と見積もられています。ただ、予測と実測の間には系統的な差もみられます。特に予測結果に短周期のピークが目立つのは、樹木が生育した場所の局所的な気象条件を反映するものでしょうか。

第4章 マグマの活動と噴火予知

頻繁に噴火を繰り返す活動的な火山は、通常、地震計などを用いた常時観測がなされており、多数の噴火記録が残されていることも少なくありません。観測データや噴火記録は、人工知能に学習させて噴火の発生予測に活用できます。噴火についての基礎知識を整理してから、噴火予測に人工知能技術を活用する研究事例をみます。

マグマと噴火

固体地球は金属鉄でできた核（コア）を岩石でできた**マントル**が囲む形でできています（図4-1）。固体地球全体の半径は6400km、マントルの厚さは2900kmです。マントルの表面は**地殻**が薄皮のように覆っており、その厚さは海域で約7km、陸域で20〜50kmです。

マントルの浅部、数十〜200kmの深さでは、岩石の一部が融解して**マグマ**が生まれます。マントルでは温度も融点も深さとともに高まりますが、温度は地表から急勾配で上昇してから穏やかに高まるので、温度と融点はマントルの浅部で最も接近します。マントルは複数の

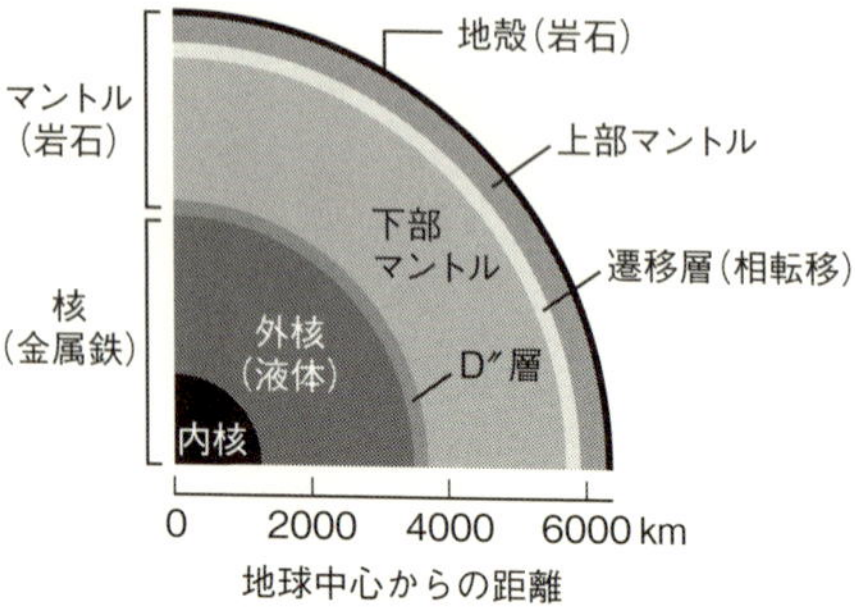

図4-1　地球の内部構造．固体地球は金属鉄の核（コア）と岩石のマントルでできている．核は固体状態の内核と液体状態の外核に，マントルは構成鉱物の違いから上部マントル，遷移層，下部マントルに分けられる．マントルを薄く覆う地殻は，大陸と海底で厚さや構成鉱物が異なる．

鉱物でできていて、融点には数百℃の幅があり、その最低温度（ソリダス）付近で融解が起きてマグマができるのです。

　マントルで生まれたマグマは、密度が岩石より小さいので浮力で上昇します。マントルから分離して固化したマグマが地球誕生以来の長い年月をかけて蓄積して、地殻をつくり出したのです。マグマが地殻の表面に噴出する場所に火山ができます。

　マグマはマントル浅部のどこででもできるわけではありません。マグマが常時つくられるのは、ひとつは深部から高温の岩石が上昇してきて温度が融点を超える場所です。海嶺《かいれい》やホットスポット（図5-1参照）の真下がその条件を満たします。また、沈み込み帯では、プレートとともに海底からもちこまれる水分子のために融点が異常に下がってマグマができると考えられています。

　マントルで最初に生まれるのは流動性の高い玄武岩質マグマだと推測されます。海嶺やホットスポットで噴出するのはほとんどが玄武岩質マグマです。沈み込み帯では玄武岩質マグマの他に流動性の低い安山岩質～流紋岩質マグマも噴出しますが、それはマグマが上昇途上で冷却を受け、また周囲の岩石と反応して化学組成を変えるためだと考えられます。

噴火は地下を上昇してきたマグマが地表で起こす現象です。マントルから上昇してきたマグマが地表から数～10㎞程度の深さに達すると、岩石の密度が下がってマグマは浮力を失い、マグマだまりに蓄積されます。地表に向けてマグマが再び上昇を始めるのは、蓄積が進んでマグマだまりの圧力が増加してマグマを押し出すときです。そのために噴火は通常、休止期をはさんで間欠的に起こります。

マグマだまりから上昇するマグマは、圧力が次第に下がるので、マグマ中に少量溶解する水蒸気などの揮発性成分が発泡して気泡をつくり、マグマは気泡流になります。気泡のために密度が下がったマグマは上昇を加速します。さらに圧力が下がると、条件によっては気泡が著しく膨張してまわりを囲む液体部分を壊し、マグマは破片が煙状に気体に浮く噴霧流になります。この変化をマグマの破砕とよびます。破砕されたマグマは気体に似た状態で高い流動性をもつので、高速で上昇して噴出します。

噴火は地表から噴出物を放出します。ただし、放出される物質はマグマとは限らず、マグマが地下水などを刺激して爆発が起こり、古い岩石の破片だけが放出されることもあります。このような噴火は水蒸気噴火（水蒸気爆発）とよばれます（図4-2）。水蒸気噴火は噴火の中では小規模ですが、御嶽山《おんたけさん》で２０１４年に起きた水蒸気噴火では60人近くが亡くなりました。

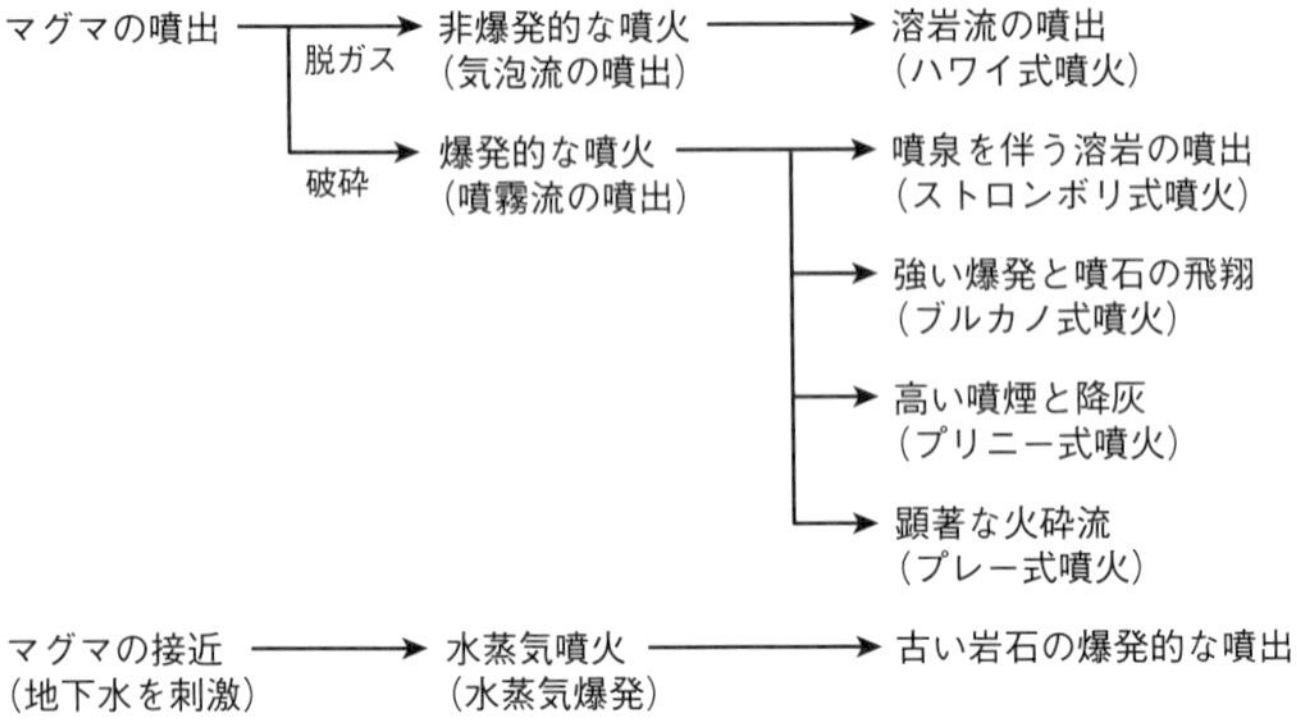

図 4-2　噴火様式の分類[1]．噴火はマグマが噴出する噴火と古い岩石のみが噴出する水蒸気噴火にまず分ける．マグマが噴出する噴火は，破砕の有無によって，気泡を含む液体状のマグマ（気泡流）が噴出する非爆発的な噴火と，マグマの破片を浮かべた煙状の気体（噴霧流）が噴出する爆発的な噴火に分ける．噴火様式には地域名（ハワイ），火山名（ストロンボリ，ブルカノ，プレー），人名（プリニー）がつけられている．

水蒸気噴火が単独で終わらず、その後にマグマの噴出が続くこともよくあります。

噴火には火山の山頂などにある既存の火口で起こる山頂噴火と、山腹の斜面などに新しい噴出口をつくる山腹噴火があります。山腹噴火は山林や畑に新しい割れ目をつくり、割れ目は水蒸気やマグマを噴出しながら拡大します。山腹噴火の後半には、噴出が割れ目の1点にまとまって火口ができ、時にはそこから長期間噴火が続きます。

噴火は爆発的な噴火と非爆発的な噴火に分けられます。水蒸気噴火は爆発的な噴火に入ります。マグマの噴出する噴火は、上昇時にマグマが破砕されると爆発的になり、破砕されずに溶岩として噴出すると非爆発的になります。玄武岩質で流動性の高いマグマは一般に非爆発的か爆発性の弱い噴火を起こし、安山岩質〜流紋岩質の流動性の低いマグマは爆発的に噴出する傾向がありますが、例外も少なくありません。

噴火が爆発的か非爆発的かによって、噴出物の種類や噴出の仕方が異なります。非爆発的な噴火は液体状のマグマを溶岩としてほぼ連続的に噴出します。噴出時に弱い爆発を伴うこともあります(ストロンボリ式噴火)。爆発的な噴火が噴出するのはマグマや岩石の破片ですが、破片の大きさや噴出の仕方は様々です。

非爆発的な噴火で噴出する溶岩は、流動性が高い場合には溶岩流として斜面を流れ(ハワイ式噴火)、流動性が低いと噴出地点のまわりに溶岩ドームをつくって累積します。ハワイ島のキラウエア火山は溶岩流を流し出す典型的な火山です。20世紀の日本では、伊豆大島や三宅島で溶岩流が生じ、有珠山《うすざん》や雲仙普賢岳に新しい溶岩ドームが形成されました。

溶岩流は遠くまで広がって森林や住宅を焼き払い、道路や田畑を破壊することがありますが、流れが遅いので、人命を損傷することは滅多にありません。溶岩ドームは成長過程で地下水と接触して爆発を起こしたり、崩落する過程で砕けて火砕流になったりして、爆発的な噴火と同様な災害を起こすことがあります。

強い爆発を突発的に起こす噴火は、高い圧力を音波や衝撃波として広げて、窓ガラスを壊し、時には森林や建物を倒壊させます。また、大きさが数センチメートル以上の噴石を数キロメートル先まで飛ばして、生命を脅かします。突発的な爆発はマグマの噴出時に起こることもあり(ブルカノ式噴火)、水蒸気噴火に伴うこともあります。ブルカノ式噴火は日本では浅間山でよくみられます。

マグマや岩石の破片が細粒になって気体とよく混ざると、煙状の気体(噴霧流)ができてほぼ連続的に噴出します。この場合も噴火は爆発的とみなします。煙状の気体は、マグマの熱で膨張して浮力を獲得すると噴煙として高く上り、上空で風に流されながら火山灰を広域にまき散らします(プリニー式噴火)。液体粒子の混入で平均密度が大気より大きくなると、火砕流として山腹を流れ下ります(プレー式噴火)。プリニー式噴火やプレー式噴火は、日本では浅間山、桜島、霧島山などでみられます。

火山灰は厚く積もると建物を押し潰して人を死傷させ、田畑を覆って農作物の生育や収穫を妨げます。また、道路や電線を覆って交通や通信を阻害します。山腹などに積もった火山灰が降雨とともに泥流となって流下して、多数の人命や家屋を損傷することがあります。火砕流は高温を保って高速で流れるので極めて危険な現象であり、逃げ遅れた多数の人々を死傷させた悲惨な記録があります。

噴火予知

マグマがどのようなタイミングでどこからどう噴出するかが予測できれば、噴火による災害に効果的に備えることができます。火山を具体的に想定して、次に発生する噴火の時期、噴出場所、規模、様式（爆発性など）を予測することを**噴火予知**とよびます。
マグマは蓄積が進むとマグマだまりから上昇して噴火を起こします。この過程が観察できれば、精度の高い噴火予知ができるはずですが、岩石や土壌は不透明なので、光による地下の観察はできません。長周期の弾性波（地震波）や電磁波は地球の内部に透過しますが、それらを使って描く地下の描像は、波長が長いために分解能が悪く、マグマの位置などもぼんやりとしかとらえられません。

マグマの上昇過程はシミュレーションでも究明できるはずですが、上昇過程を定量的に表現するための火山学的な知見はかなり脆弱です。具体的な噴火を想定してシミュレーションをするには、マグマの性質や出発時の状態に加えてマグマを囲む環境を設定する必要がありますが、その知識も不十分です。そのために、噴火予知に活用できる精度の高いシミュレーションは、実行するのが難しいのが実情です。

一方で、マグマが上昇するときには様々な付随現象が起こります。マグマは地殻を押し広げて上昇してくるので、地殻に歪みが生じて地表にも変形が及びます。また、応力の増大のために地下で火山性地震が頻発します。さらに、岩石が温められて磁化を失ったり、火口から噴出する火山ガスの温度や成分が変化したりします。これらの前兆現象が観測にかかれば、上昇過程の進行状態が推測できます。

何らかの前兆現象を噴火前にとらえて、噴火予知に成功した事例もあります。噴火が明確な形で予知できなくても、前兆現象によって火山の異常を察知し、観測体制や警戒体制の強化に結びつけられることもあります。しかし、前兆現象と類似な異常が噴火を伴わずに起こることもよくあるので、前兆現象を把握するだけでは確実な予知はできません。

このような状況を改善する地道な方法は、マグマの上昇過程や付随する現象の理解を深めて、シミュレーションの精度を高めることです。火山学の研究の多くはそれを目標に進められています。もうひとつの方法は、様々な知識を体系化して経験的な予測内容を改善することで、人工知能技術の活用はその手段になります。

人工知能技術はどう活用したらよいのでしょうか。それを考える題材として、予測に人工知能技術が使われた研究事例を以下にみましょう。

噴火規模の予測

火山の活動に関連する人工知能技術の応用は、火山性地震や火山性微動などの振動データの分類、火山性地震や地殻変動の時系列解析、噴出物の分類や同定など多岐にわたりますが、ここでは噴火の予測に直接関係する研究事例を取り上げます。

最初はイタリアのベスビオ山で試みられた噴火規模の予測です[2]。ベスビオ山はナポリの近郊にある活動的な火山で、多数の噴火記録が残されているので、それをＡＮＮの学習に用いたのです。なお、ベスビオ山は西暦79年の噴火で有名です。この噴火で南東山麓のポンペイ市街が火砕流に埋没し、18世紀以降に掘り起こされて当時の状況を現在に伝えます。また、この噴火について小プリニー(帝政ローマの文人・政治家)が残した書簡は、噴火を科学的に描写した歴史上最初の記録とされます。

火山学では噴火の規模は通常、**火山爆発指数VEI**で表現されます。火山爆発指数は、噴出物の総量と噴煙の高さを基準にして、噴火の規模を0から8までの9段階で表記します。噴煙の高さは非爆発的な噴火では規模の基準になりませんし、爆発的な噴火でも規模が大きくなると識別が難しくなります。そこで、信頼性の高い規模の値は噴出物の総量で見積もられます。

日本で歴史に記録された最大級の噴火は富士山の宝永噴火(1707年)や桜島の大正噴火(1914年)ですが、これらの噴火は総噴出物量が1㎦前後、噴煙の高さは10㎞以上で、VEIは5と見積もられます。多くの火山で経験する噴火はVEIが4程度までで、通常の目的で規模を表現するにはVEIは分解能が粗すぎます。

ベスビオ山の研究[2]では、噴火記録を精査して、VEIを用いて各年の噴火規模(噴火の活動度)を0・25刻みで表現しました。たとえば、VEIが2〜3というような記述があったら、噴火規模を2・5にします。噴火が1年以上継続する場合は、噴火の推移や内容を考慮して、噴火規模をそれぞれの年に割り振ります。噴火がなかった年は噴火規模を0にします。このようにして各年の噴火規模のデータをつくり、それを教師データにしたのです。

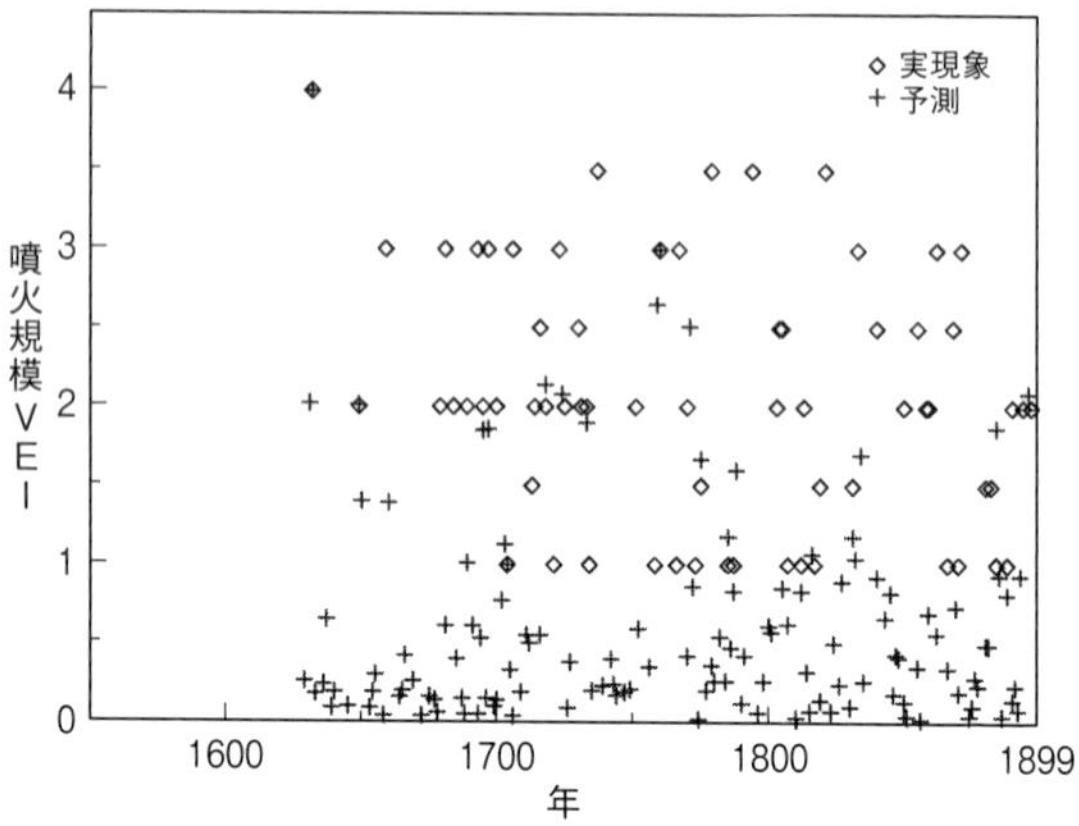

図 4-3　ベスビオ山の噴火活動の解析で，学習に用いられた噴火規模(火山爆発指数 VEI)と ANN による予測結果の比較[2]．噴火規模は噴火活動の推移を考慮して 1 年ごとに算定され，噴火がなかった年は 0 とする．ANN には 20 年分の噴火規模が入力され，それに続く 20 年分の噴火規模が予測値として出力される．実測値や予測値が記入されていない年は値が 0 である．

解析ではこの噴火規模の時系列をM年ごとに区切りました。ＡＮＮは1区間のデータを入力して次の1区間の時系列を予測するので、入力層と出力層はともにM個のニューロンをもちます。学習には1500～1899年のデータを用い、Mを可変にして試行した結果、最適値として$M=20$が得られ、さらに10個のニューロンをもつ隠れ層1層が加えられました。

学習に用いた噴火規模の時系列を、最適化されたＡＮＮによる予測結果とともに図4-3に示します。噴火は間欠的に起こりますが、このような活動度の不連続はＡＮＮでうまく表現しきれないらしく、実測値と予測値の間には不一致が目立ちます。特に、噴火のない年にも0でない予測値があちこちに出されています。全般的にみると、予測値が実測値より小さめなようです。しかし、ＡＮＮ

による予測は噴火活動の変化の全体的な流れをとらえているようにみえます。

テストには1900年以降のデータが用いられました(図4-4)。この時期は全般的に噴火が少ないのですが、1905年ころと1925~1945年ころに活動期があり、ANNもその傾向を予測しています。1945年以後は噴火がありませんが、その初期には0でない予測値が出現します。しかし、活動期から静穏期に移行する全体的な傾向は表現されているようです。

この研究結果をみても、間欠的に起こる個々の噴火を予測するのは簡単ではなさそうです。しかし、長期的な活動度の変化は、時系列に何らかの規則性が含まれるのか、ANNが予測に成功しているようにみえます。防災上は静穏期から活動期への移行が重要ですが、図4-4のテスト結果でも、1925~1945年ころの活動期に向かう噴火活動の活発化は、ぼんやり

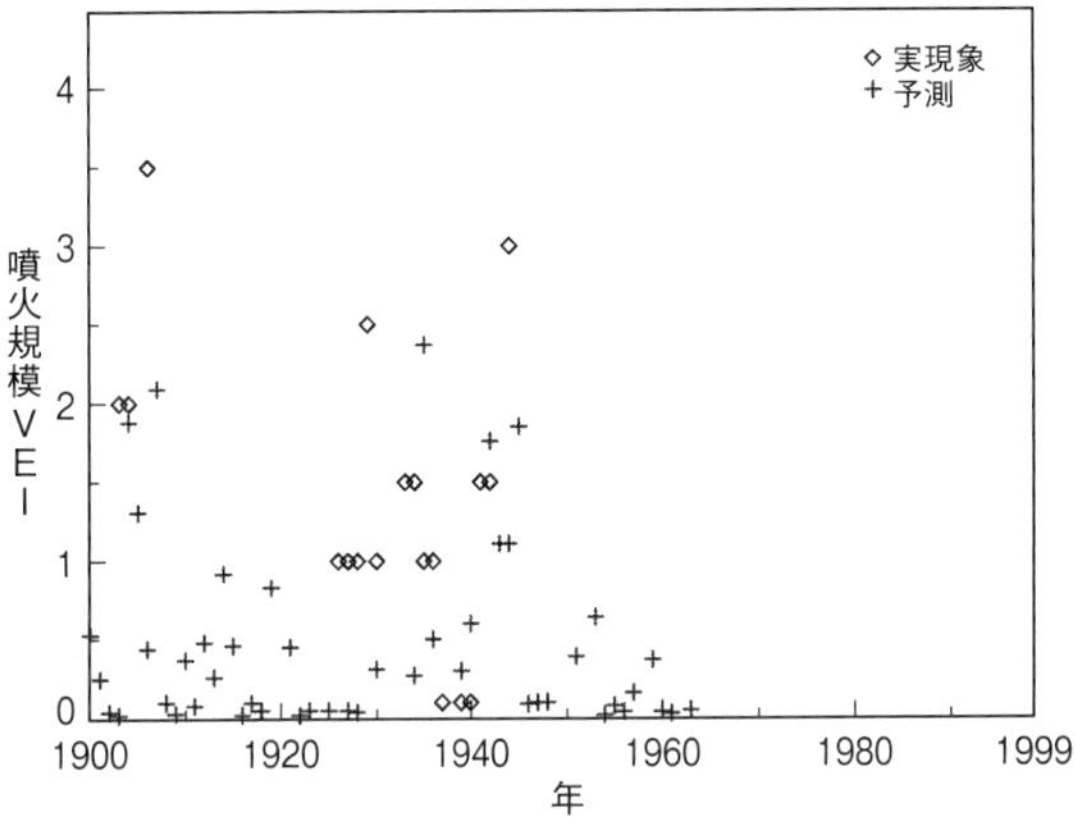

図4-4　ベスビオ山の噴火活動の解析で，学習に用いられなかった期間の教師データとANNによる予測値を比較したテスト結果[2]．噴火規模は噴火活動の推移を考慮して1年ごとに算定され，噴火がなかった年は0(図には記入されない)とする．

とらえられているようです。

噴火前の火山の状態

噴火が発生する前に火山がどんな状態にあるかが分かれば、その知識を噴火の予測に活用できます。火山の状態と噴火の関係について、イタリアのエトナ山を対象に人工知能技術を用いて調べた研究[3]をみましょう。

エトナ山は富士山に似た巨大な成層火山で、イタリアのシチリア島にあります。富士山と同様に、噴火は山頂でも山腹でも発生します。最近の活動は富士山よりはるかに活発で、噴火はほぼ毎年のように起きています。

この研究では、解析の対象とする時期を長さ一定の期間に分けて、火山の状態を期間ごとに記述します。噴火との関係を調べるので、期間としては最後に噴火を含むものと噴火を全く含まないものを準備します。時期として地震観測の体制が整った後の１９８３年から２００６年までを取り上げると、エトナ山ではこの時期に山頂噴火が17回、山腹噴火が10回起こりました。噴火を含むこれらの期間に、噴火のなかった23期間を加えて、全体で50期間の教師データをつくりました。

教師データの中から任意に選択したおよそ30期間をＡＮＮの学習に、残りをテストに用いました。学習やテストに用いるデータが少ないのが気になりますが、データの不足は多くの自然現象の解析で共通に直面する問題です。

火山の状態は、直前の噴火に関する情報と期間内に起きた火山性地震の活動度で表現します。直前の噴火については、山頂噴火と山腹噴火が何日前に起きてどのくらいの噴出物量を出したかを考慮します。火山性地震の活動度については、地震の数と最大マグニチュードを火山の5地域に分けて考慮し、さらに火山全体の地震数、最大マグニチュード、震源の中心位置を加えます。これらの情報をすべて集めると、ANNの入力層は18個のニューロンをもちますが、その一部を入力する場合も試行しました。

ANNの出力は「山頂噴火が起こる(S)」、「山腹噴火が起こる(L)」、「噴火が起こらない(N)」のいずれかです。入力層と出力層の間には、10個のニューロンをもつ2層の隠れ層がおかれました。時期を区切る期間の長さとしては7日間、15日間、30日間が試行されましたが、15日間が一番良好な結果を出し、予測の成功率は75%だったということです。

図4-5(a)は学習によって最適化されたANNのテスト結果で、21個の期間に対してANNの予測(星印)を実際に起きた現象(黒丸)と比較しています。予測は山頂噴火については実際に起きた6回のうち5回を当てています。しかし、山腹噴火が起こるか噴火が起こらないかの予測は、正解の割合がかなり下がっています。

このテスト結果を踏まえて、入力データの性質が自己組織化写像(SOM、第2章参照)で調べられました。図4-5(b)は入力データの一部を2次元空間の六角格子に投影した結果で

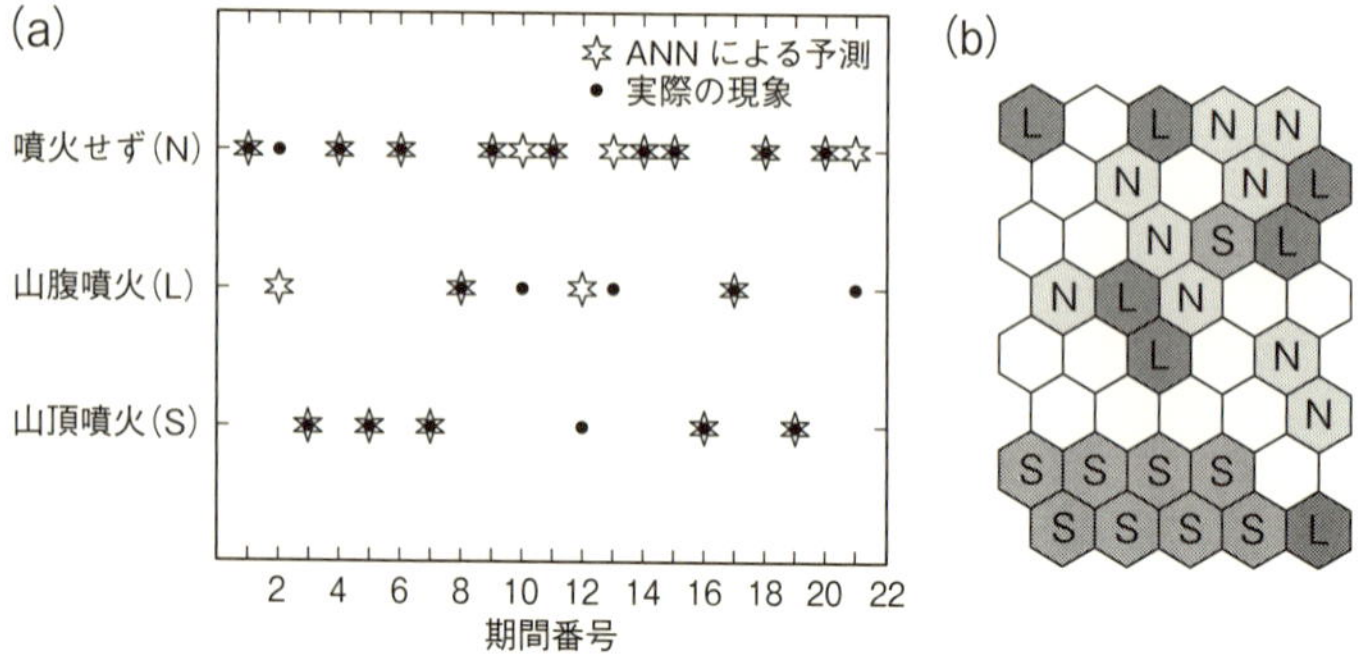

図 4-5　エトナ山で解析された火山の状態と噴火の発生の関係[3]. (a)テストに用いた各期間でANNが予測した結果と実現象の比較. (b)入力データの一部を自己組織化写像(SOM)で2次元空間の六角格子に投影した結果. 山頂噴火が起きた期間にS, 山腹噴火が起きた期間にL, 噴火が起こらなかった期間にNとラベルをつける.

す。入力データには、山頂噴火が起きた期間にS、山腹噴火が起きた期間にL、噴火が起こらなかった期間にNとラベルがつけられています。自己組織化写像には、Sの入力データにまとまったグループ(クラスター)をつくる傾向がみられますが、LとNの入力データは混在し、別のグループには分かれません。そこで、この入力データは山頂噴火を識別する機能をもつが、山腹噴火と非噴火を識別する機能は含まれないと結論づけられました。

火山性微動と水蒸気噴火

火山の状態を表現する指標として火山性微動を用い、そのタイプを自己組織化写像で分類して、水蒸気噴火の発生と関係づけた研究があります[4]。対象にした火山はニュージーランドのルアペフ山です。ルアペフ山は最近もマグマ噴火や水蒸気噴火を繰り返しており、予測できない噴火によく見舞われるので、危険な火山とみなされています。

火山で発生して地震計に計測される振動には様々な種類があります。P波とS波の特徴をもつ通常の地震、爆発的な噴火に伴う爆発地震、岩石の崩落による振動などは原因が明確な振動です。それ以外の振動は火山性微動とよばれ、発生が間欠的だったり長時間継続したりし、波形も多様です。**火山性微動**の原因は多くがマグマ、地下水、水蒸気などの流体の挙動と関係すると推測されます。

ルアペフ山の研究では連続的に発生する火山性微動が使われました。解析には山頂の火口湖から約3km離れた観測点で得られた広帯域地震計の上下成分の記録が用いられ、時間を一定の間隔で区切って、各区間で火山性微動のスペクトルを計算しました。スペクトルは、振動を様々な周波数をもつ単振動に分解して、振動がどのような周波数で構成されるかを表現します。

地震観測のデータは毎秒100個の揺れの値で構成されます。スペクトルは2のべき乗個の点から計算するのが都合がいいので、時間を10秒の一定間隔に区切り、前後の点も加えて2048個の振動データから計算されました。得られた結果は適当に平滑化されてから、自己組織化写像の入力データとして用いられます。

入力データ間の類似度は相関係数で表現して、入力データを自己組織化写像で投影してみると、入力データは写像上にほぼ切れ目なく分布します。そこで、入力データを類似度がある程度以上離れたところで1、2、3の3タイプに分けました。図4‐6(a)は自己組織化写像で3タイプの各々が占める範囲、(b)は各々がもつ平均的なスペクトルです。

火山性微動のタイプが時間とともにどう推移したかについて、一例を図4‐7に示します。この図は地震波形の3時間分の記録に火山性微動のタイプを重ね書きしたものです。図には火山性微動の振動も記録されていますが、振幅が小さくて読み取れません。9時24分(世界時間)ころの縦線は、小規模な水蒸気噴火の発生に伴う鋭い振動です。その数分後に火山性地震が起きています。

興味深いのは水蒸気噴火と火山性微動の関係です。噴火前はタイプ2の火山性微動が卓越していましたが、噴火の1分あまり前からタイプが突然3に変わり、噴火を迎えました。噴火後はタイプ1の活動が顕著になりました。このように、噴火を含む火山の活動は火山性微動のタイプの変化とともに進行したようにみえます。この関連性は噴火の予知に活用できるかもしれません。

噴火後の観察によると、火口湖の浅い湖底に水蒸気噴火によるとみられる噴出物がたまっていました。噴火時に空気振動が観測されなかったことから、噴火は火口湖の底で起きた小規模な爆発であったと推測されます。噴火後に湖面が1.5mほど下がりました。

火山性微動と水蒸気噴火の関係は、物理的には次のように説明できます。火口湖の下では

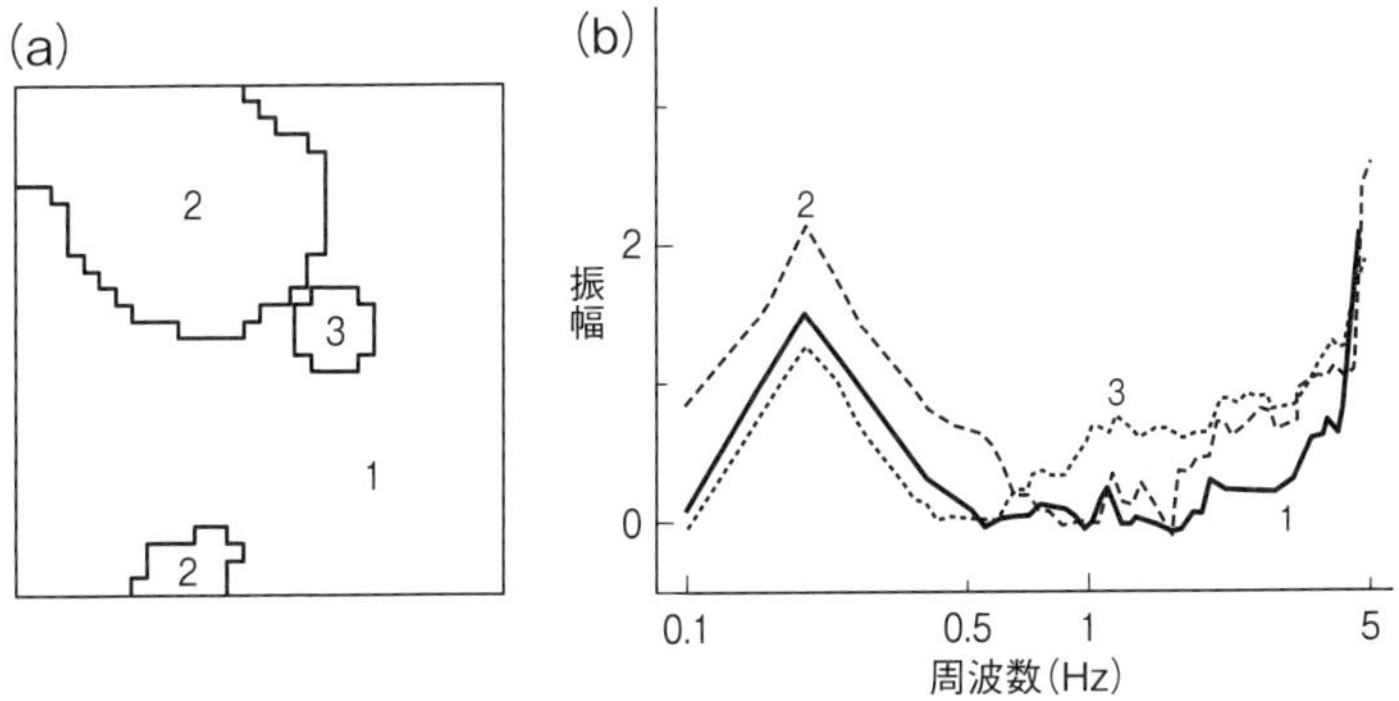

図 4-6　ルアペフ山の火山性微動の解析[4]．(a)自己組織化写像(SOM)による火山性微動のタイプの分類．30×30 の格子点上で 1, 2, 3 の 3 タイプが占める範囲を示す．類似度は相関係数で表現する．(b)火山性微動の 3 タイプの平均的なスペクトル．振幅のスケールは任意である．

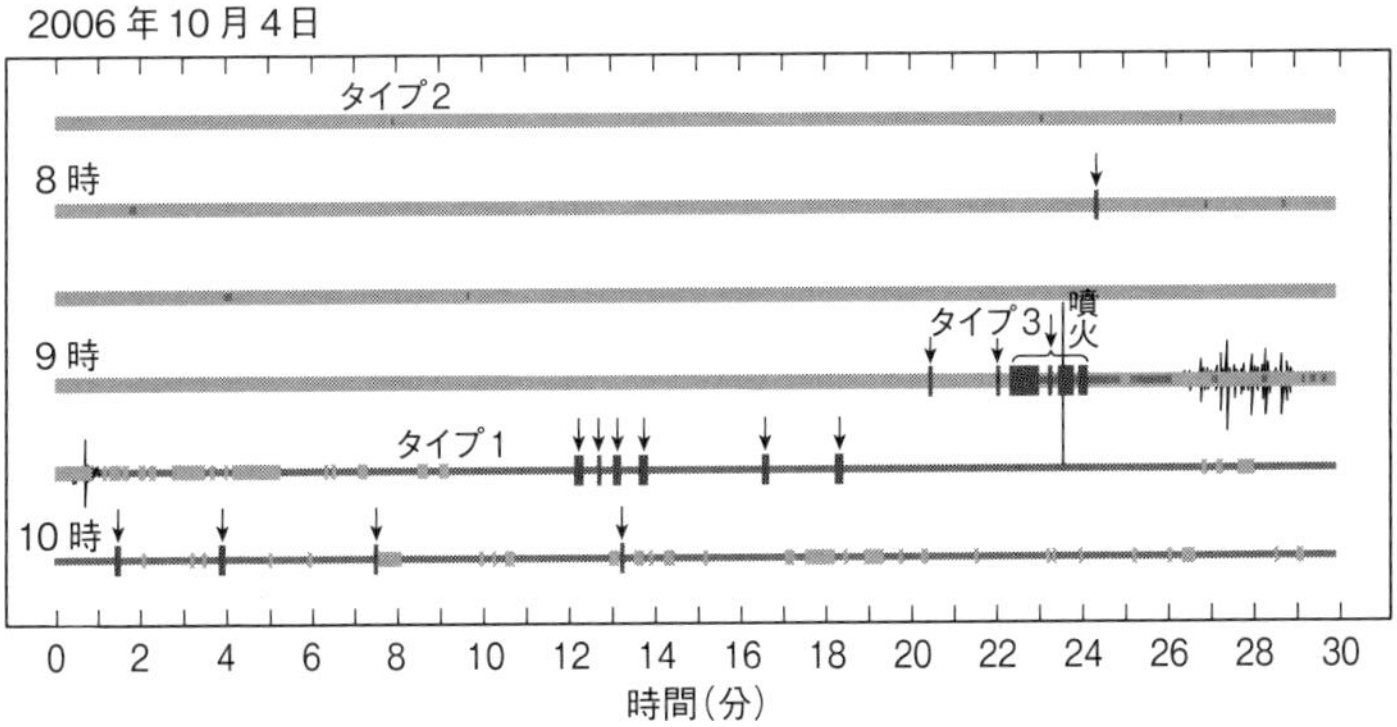

図 4-7　ルアペフ山で観測された火山性微動と水蒸気噴火の関係[4]．火山性微動のタイプの時間的な推移を 2006 年 10 月 4 日 7 時 30 分～10 時 30 分(世界時間)の地震記録に重ね書きする．9 時 24 分ころに水蒸気噴火が発生したが，噴火の 1 分ほど前に火山性微動のタイプが 2 から 3 (3 の位置を下向きの矢印で示す)に変わった．

熱水が常時循環しており、それが連続的な火山性微動の原因であると考えられます。ところが、熱水の通路の一部が硫黄などの堆積物で詰まり、その影響で火山性微動のタイプが変わりました。さらに通路の閉塞が急速に進み、熱水の圧力が高まって水蒸気噴火が起こりました。

第5章　地震予知と津波予報

古くから地震災害に苦しめられてきた地震国では、地震予知の実用化を目指して様々な取り組みが進められてきました。しかし、最近は地震予知の実用化に悲観的な見方が強まり、地震の発生確率を見積もる方向に方針が変わってきました。そこで、地震はどのように起こるのか、地震予知はなぜ難しいのかを改めて考えます。また、地震に誘発される津波について、現象の仕組みや予測の方法を概観します。人工知能技術の活用は議論の流れの一環として取り上げます。

地震の原因――マントル対流とプレート運動

地震現象を理解する基礎として、地球内部の構造や活動についてまとめておきましょう。地球内部は、おおまかにいえば中心部の核、そのまわりを囲むマントル、表面を薄皮のように覆う地殻でできています（図4-1）。核をつくる物質は鉄を主成分とする金属、マントルと地殻を構成するのは岩石です。

このような地球の構造は、約45億年前に地球が誕生するとすぐにできたと考えられます。地球が星間物質を集めて惑星として集積する過程で、衝突する星間物質の運動エネルギーが熱に変わって、初期の地球は高温で流体状になりました。このときに岩石に混在する重い金属鉄が深部に沈み、核をつくりました。マントルの岩石は間もなく固化しましたが、内部では融解で生じたマグマが上昇し、マントルから分離して地殻を成長させていきました。

金属鉄が沈む過程で摩擦熱が発生し、地球内部はさらに高温になりました。マントルと核が分離するときに重力エネルギーが熱に変わったのです。金属鉄は岩石より融点が低いので、核の外側の部分(外核)は今でも液体であり、激しく対流して地球に磁場をもたらしています。高温の地球内部から熱を運び出すために、マントルもゆっくりと対流しています。

マントルを構成する岩石は固体なので、内部には原子が規則的にぎっしりと詰まり、身動きとれない状態にありそうです。実際には、固体も高温になると原子の配列に乱れ(格子欠陥)が生じ、この乱れに乗じて原子も多少動けるようになります。流れにくさの程度を示す粘性率は、高温の固体岩石が液体マグマより10桁以上も大きくなります。

それでも、マントルは流動性をもつので、年間10㎝前後のゆっくりとした速度で対流します(図5-1)。対流の主要な熱源は外核から流れ込んでくる熱流です。核とマントルの間には温度差があり、マントルの底のD″層(図4-1)には大きな温度勾配ができています。D″層はマントルが核から熱を受け取る場所であるとみなすことができます。

マントル全体は対流を起こすのですが、地表付近の岩石は大気や海にさらされて低温になり、流動性を失います。そのために、浅部ではマントルはなめらかに流れることができず、固体として形状をほとんど変えずに運動します。この堅固な領域は地表付近を数十キロメートルの厚さで覆い、**プレート**とよばれます。

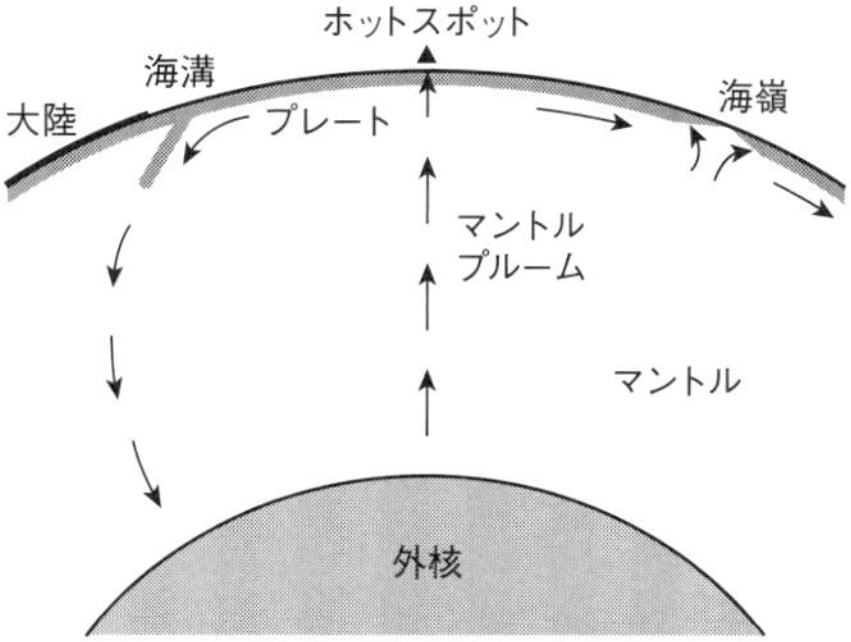

図 5-1　マントルの対流に駆動されるプレートの運動．地表付近の岩石は，低温で流動性が低いために固体状態で運動する．これがプレートである．プレートは海嶺で分離して水平に移動し，大陸付近の海溝で沈み込む．

プレートもマントル対流に乗って運動しますが、対流は一様な流れではありませんから、プレートには場所によっては強い変形が生じます。特に変形が集中する部分では、プレートは破壊されて分断されます。分断される場所が**プレート境界**になり、その両側でプレートは異なる速度で運動して、マントルの流れと調和をとるのです。

プレート境界は、プレートが引き裂かれて分離する海嶺、プレートがぶつかって片方が地球内部に沈み込む海溝、プレートがこすれ合うトランスフォーム断層に分類されます。いずれの境界でも、付近には強い変形が生じて多数の地震が発生します。地震は岩石が破壊されて破壊面を境に急激なすべりが生じる現象です。プレート境界付近で起こるたくさんの地震の結果として、全体としてみるとプレート間に速度差が生じます。

地震の原因はプレート間の速度差であり、元をたどればマントル対流が地表付近にもたらす歪《ひず》みです。マントル対流は地球内部が高温であるために生じますから、地震を起こす究極的なエネルギーは、主に地球の誕生直後にマントルと核の分離によって地球内部で解放された重力エネルギーであるといえます。

海嶺の直下や海溝の陸側はマグマが形成される場所でもあります(第4章参照)。ただし、マグマはトランスフォーム断層では発生せず、プレート境界から離れたホットスポットとよばれる場所でもつくられます。マグマや噴火も地球内部から熱を運び出す過程の一環として起こる現象です。

地震の発生過程を説明する弾性反発モデル

プレート境界に蓄積される歪みは、断層などの強度の弱い部分に集中して、そこで繰り返し解放される傾向があります。地震は断層が間欠的にすべって蓄積した歪みを一息に解放する現象です。

地震が発生する環境は様々ですが、断層の両側に速度差を生む原因があって、そのために歪みが蓄積して地震が起こるとする考えは、かなり一般的に成立します。この考えを単純化したのが**弾性反発モデル**です(図5-2)。

弾性反発モデルでは、断層の両側の十分に離れた点は一定の速度差(図の v)ですれ違うと仮定します。どのくらい離れた点の速度差を想定するかは、実際には断層の面積などで決まりますが、それについて詳細は詮索しないことにします。速度差のために断層の両側では岩盤に歪みが蓄積し、断層面に加わる力(せん断応力)も増加します。

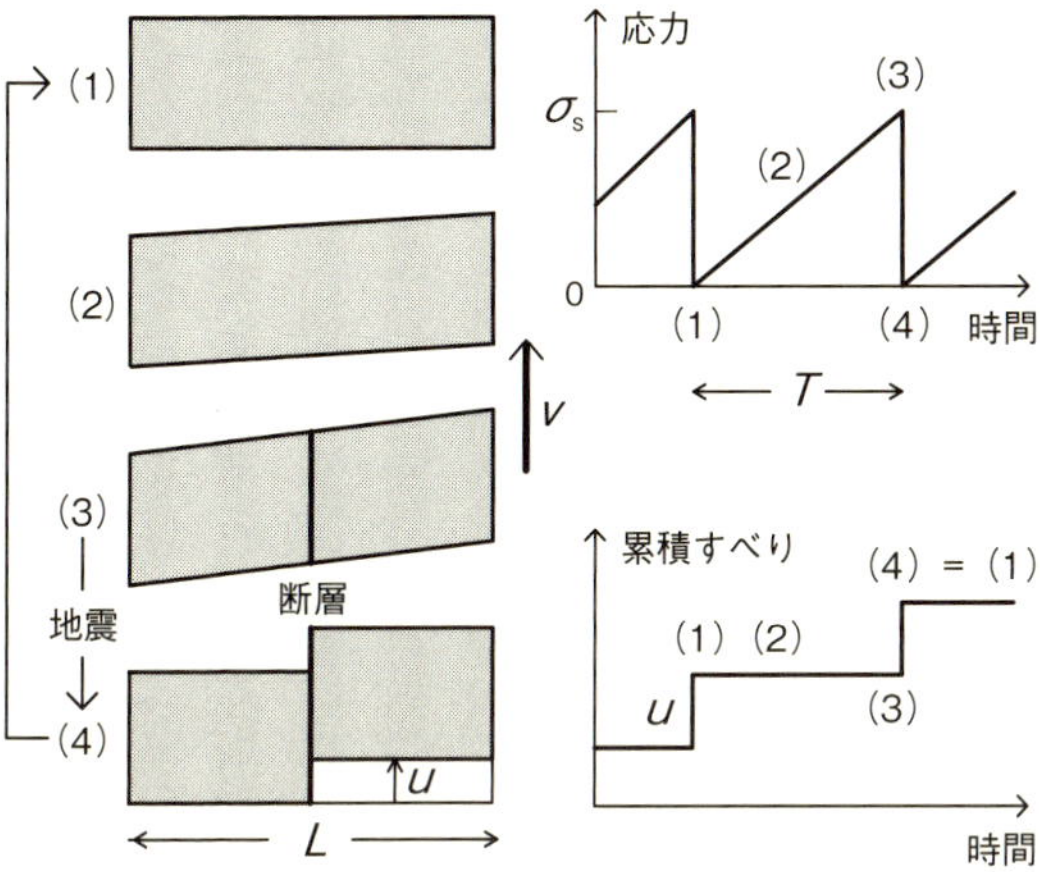

図5-2 地震の発生過程を記述する弾性反発モデル[1]. 速度差 v のために応力が一定の割合で増加して, 断層の強度 σ_s に達すると, 断層が瞬時に u だけすべって地震を起こし, 応力を解放する. その後, 断層はすぐに固着して, また応力の増加が始まる. 地震は周期的に発生し, 発生の時間間隔(周期) T は $L\sigma_s/\mu v$ (L は応力変化に関与する岩盤の幅, μ は剛性率)となる.

応力が増加して断層の強度(断層が耐えられる応力の最大値)で支えきれなくなったときに、断層は突然壊れてすべり、応力を瞬時に解放します。この急激なすべりが地震であり、すべりで生じた地震波がまわりに広がって地面を揺らします。

地震が発生した後は、断層

面がすぐに固着して元の強度をもち、歪みと応力の増加がまた始まります。こうして応力の変化と地震の発生がくりかえされ、断層面にはすべりが累積していきます。すべりの累積量を長期にわたってならすと、累積の速度は断層をはさんで動く岩盤の速度差と一致します。

断層の両側を動かす速度差と断層の強度がともに一定ならば、地震は同じ周期で繰り返されます(図5-2の説明参照)。速度差や断層の強度にばらつきがあれば、地震の発生間隔も乱れますが、地震は基本的には周期的に発生すると想定されます。実際に、ある断層で起こる最大級の地震に着目すると、その発生に周期性が認められることがよくあります。

歪みの蓄積は多くがプレート間の速度差に起因すると考えられますが、断層すべりとプレート運動の関係はプレート境界の種類に依存し、必ずしも単純ではありません。

断層すべりがプレート運動と直接対応づけられるのは、トランスフォーム断層の地震です。この場合には、地震はすれ違うプレート間の運動と同じ向きの横ずれすべりを起こします。ただし、プレート境界は多くの部分で単一の断層面ではなく、ほぼ平行に分布する多数の断層の複合体です。

海嶺の地震の原因はプレートを引き離そうとする張力です。断層は海嶺と垂直な鉛直断面でみると地面とほぼ45°の傾きをもち、地震とともに断層の上板がずり落ちるようにすべります。このような正断層型の地震が海嶺の近傍で多数発生し、その効果がマグマの貫入による割れ目の拡大に加わって、プレートは海嶺と垂直な方向に引き伸ばされて両側に離れていくのです。

海溝付近の地震は複数のタイプに分かれます。沈み込むプレートと陸側のプレートの間に存在する速度差は、プレート境界に沿って起こるプレート間地震で解消されます。この地震はしばしば巨大地震になり、大きな揺れと津波でときに大災害をもたらします。海側のプレートは沈み込む前に曲げられ、沈み込むと周囲から浮力や抵抗力を受けます。さらに陸側のプレートを押したり引っ張ったりします。これらの力によって、海溝の両側ではアウターライズ地震、深発地震、内陸地震が発生するのです。

弾性反発モデルは、地震が歪みの蓄積と断層の強度の兼ね合いで起こるとして、地震が同じ断層でくりかえし発生する事実を簡明に説明します。プレート運動などの歪みを生む原因が持続する限り、断層は破壊と固着をくりかえして地震を何度でも起こすのです。

すべりの発生時期を人工知能で予測

地震に関連する研究分野でも、人工知能技術は地震の分類、波形データからのP波やS波の自動検出、地球内部の地震波速度分布の解析などの目的によく利用されます。しかし、地震の発生過程の解析や発生予測にはあまり用いられていません。ここでは、地震の発生予測を岩石の摩擦実験で模擬する研究を取り上げます。

摩擦実験は、面で接する2つの岩石片にずれ(せん断)方向の力を加えてすべらせ、弾性反発モデルで記述されるような状況を実験室でつくり出します。この実験で、岩石片はなめらかにすべることもありますが、固着とすべりを繰り返しながら間欠的にすべることもあります。固着を隔てて間欠的に起こるすべりを地震になぞらえるのです。

摩擦実験のデータを人工知能技術で解析した研究[2]をみましょう。岩石片の接触面が固着している状態でも、岩石の内部には歪みが高まって多数の微小破壊が発生します。あらかじめ岩石片に水晶などの圧電素子を張り付けておくと、微小破壊による振動(acoustic emission、略してAE)が電気信号に変換され、音響データとして記録されます。この研究では音響データを使って、次のすべりが起こるまでの時間を予測します。

音響データは、時間を一定の長さをもつ区間に分けて、各区間で統計量を計算します。統計量としては振動の平均値、分散、高次のモーメントなど100個程度を計算し、それを人工知能の入力データとします。次のすべりが起こるまでの時間は実験から得られますから、それを出力データとして人工知能が学習に用いる教師データをつくります。

人工知能技術としてはランダムフォレスト法(第2章参照)が使われました。ランダムフォレスト法で1000本の決定木をつくり、そのうちで出力値が全体の分布から大きくはずれる10%を除外して、残りの出力値の平均から次のすべりが起こるまでの時間の予測値を、分散から予測の誤差を見積もるのです。学習で得られた決定木をテストした結果の一例を図5–3に示します。

テストの結果をみると、音響データから予測された次のすべりまでの時間は実際にすべりが発生するまでの時間とよく一致します。すべりの発生が周期性からかなりはずれるときも、予測は状況変化に追従して正しい値を出力しています。予測はその瞬間の音響データだけを用いていますから、各瞬間の音響データは次のすべりが起こるまでの時間の情報を独立に保持することになります。

すべりの直前に音響データに異常がみられることは以前から知られていましたが、音響データから次のすべりまでの時間が常に予測できることは、人工知能を用いたこの研究で初めて明らかになりました。

その物理的な仕組みとしては、摩擦面を構成する粘土層の内部で細かい粒子が動きまわり、その運動が次のすべりに至る時間の情報をもっていて、音響信号に反映するのだろうと推測されます。

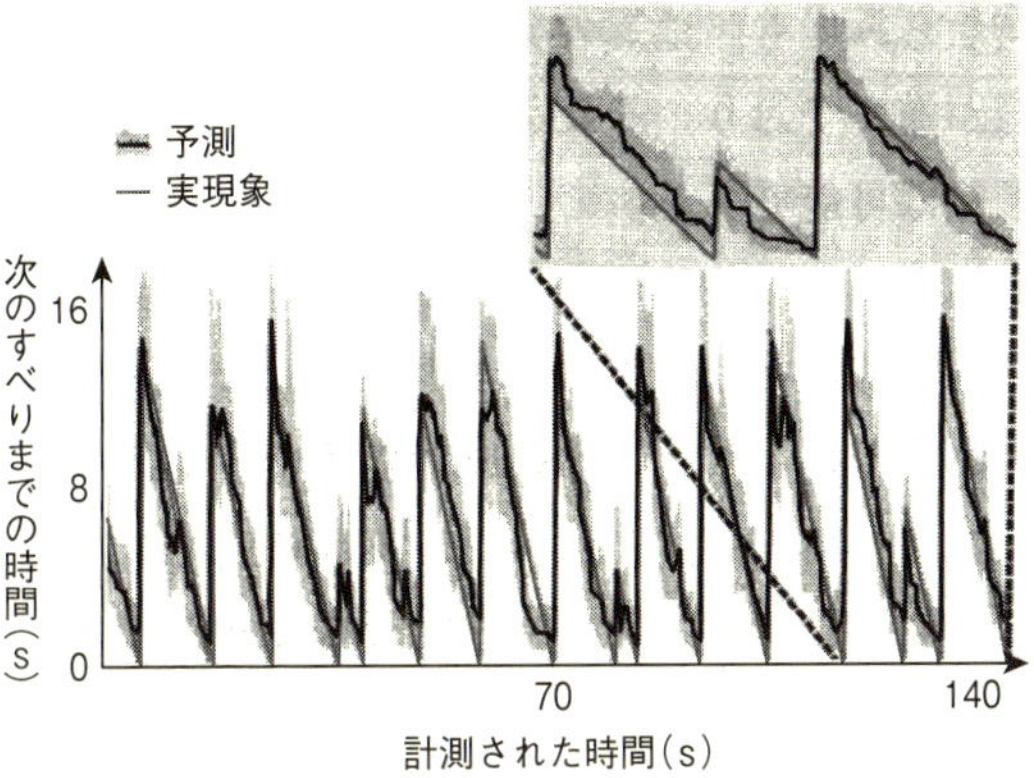

図5-3 摩擦実験で予測された次のすべりが発生するまでの時間[2]．テスト結果の一例で，次のすべりまでの時間は音響データの統計量を入力データとしてランダムフォレスト法で予測された．曲線は予測値，まわりの影は誤差の範囲である．直線は次のすべりが実際に起こるまでにかかった時間である．

自然界で起こる地震についても、断層で発生する多数の小さな地震を詳細に解析すれば、同じ断層で次に起こる大きな地震が予知できるかもしれません。この研究からはそう示唆されます。

地震予知の難しさ

摩擦実験の結果をみると、地震予知は簡単にできそうですが、地震研究者の多くは地震予知をそれほど楽観視していません。摩擦実験で想定する地震と自然界で起こる地震の間には、現象の大きさばかりでなく発生の仕方に違いがあるからです。

摩擦実験で想定される地震は、あらかじめ設けられた接触面を境に岩石片全体が大きくすべる現象です。この現象を生み出すために、応力が岩石片全体に高まるように外力が加えられます。音響信号はこの応力状態を反映しますから、破局として迎える大きなすべりについても、発生を予測する情報をもっていておかしくありません。

それに対して、自然界で起こる地震の規模は様々であり、予測の対象となる大きな地震と予測の手段として使われるかもしれない小さな地震の間に本質的な違いはありません。地震の規模別の頻度がグーテンベルク＝リヒターの法則に従うことから示されるように、地震は規模の特定な尺度をもたないフラクタルだからです(第1章参照)。

同じ断層面上で地震はなぜ様々な規模で起こるのでしょう。この問題をバリアモデル[3]は次のように説明します。断層面上には応力と強度がばらつきをもって不均質に分布するとしましょう。そこにプレート運動などによって歪みが加わり、応力が全体的に時間とともに増加します。この状況で断層のどこかで応力が強度を超えると、そこですべりが始まります。

すべりは発生場所で応力を解放しますが、周辺では解放された分がしわ寄せされて応力を高めます。すべりの隣接点では、強度と増加した応力の兼ね合いで、すべりが連鎖して拡大することも、強度で抑え込まれて止められることもあります。地震の規模はすべりが連鎖して走る総面積で決まりますから、すべりの連鎖がすぐに止められれば小さな地震で終わり、広範囲に拡大すれば大きな地震になります。

この理解の前提は断層面上で応力と強度が不均質に分布することです。このような不均質が生ずるのは、断層のあちこちで大小の地震が起きて、様々な強さと広がりで応力と強度を再構築するためです。次の地震は更新された応力と強度に支配されて起こります。いいかえれば、様々な規模の地震と断層面の不均質が相互に原因となり結果となって、大小の地震が発生する環境を整えて維持するのです。

さて、地震予知とは災害の原因になる大きな地震の発生を事前に予測することです。予知の対象になる地震の大きさは、地震のタイプ(プレート間地震か内陸地震かなど)、想定する災害、地域の特性などによって異なります。地震の規模はすべりがどこまで連鎖するかで決まりますから、次に起こる地震の規模は、断層面全体で応力と強度がどう分布するかが分からないと予測できません。応力や強度の分布は簡単には把握できませんから、地震予知は大変難しそうです。

断層には大小の地震が共存しますから、地震の発生にはむしろ統計的・確率的な要素が働きそうです。ただし、地震は全く無秩序に発生するわけではありません。大きな地震の発生には、弾性反発モデルで記述されるような周期性がしばしば認められます。周期性と確率的な発生は、実際には次のような関係を満たして関係し合っています。

地震はプレート運動などによって断層に常時エネルギーが供給される環境で発生しますが、エネルギーの解放には大きな地震ほど大きな寄与をします。地震のマグニチュードが1上がると、解放されるエネルギーは30倍に増えるのに、地震の発生頻度は10分の1にしか下がりません。そのために、エネルギーは時間的に一定の割合ではなく、大きな地震のときに一気に解放される傾向が強いのです。

このような事情で、大きな地震には同じ間隔で繰り返す傾向がありますが、小さな地震の影響で確率的な要素も加わり、発生間隔に揺らぎが生じます。そこで、大きな地震の発生を、周期性に揺らぎを加えて確率的に予測する方法がとられるようになりました。確率を用いる予測情報は、日本では地震調査研究推進本部から出されます。

地震の発生には別の規則性もあります。地震はまとまって起こる傾向があり、群発地震としてある時期に集中したり、前震、本震、余震という階層構造をとったりするのです。地震予知の立場から興味があるのは前震です。大きな地震(本震)の直前に、その震源(本震のすべりが開始する地点)で同じ様式の前震が発生した例は少なくありません。そこで、前震は本震の発生を直前に予測する手段になりそうです。

実際には、本震が発生する前には前震の発生場所や特徴が分からないので、前震は他の地震と区別つきません。前震であることは本震が起きた後には明白になるのですが、本震の起こる前に判別するのは大変難しいのです。そのために、前震が地震予知に役立つのはむしろ稀です。

前震の他にも、地殻歪みの高まりや地下水の異常などが本震の前に観測された事例があります。地震の前ぶれになるこれらの異常は地震の前兆現象とよばれます。歴史的には、前兆現象の活用は地震予知が古くから掲げてきた目標でしたが、前兆現象を確実にとらえる方法の開発に見通しが立たず、地震予知は確率的な予測に道をゆずったのです。

とはいえ、蓄積されていくエネルギーは大きな地震で一気に解放されますから、大きな地震の発生前にはエネルギーがたまっており、応力も高まっているはずです。その状態を感じて何らかの前兆現象が出現してもおかしくありません。大きな地震と小さな地震の間で性質に違いがないからといって、大きな地震を予知する可能性が原理的に否定されるわけではないのです。

地震の発生には周期性、確率的な要素、フラクタル性、階層構造などの様々な性質が絡み合っています。現在の地震学はこれらの性質の全体像や相互関係を明確に把握してはいません。それがはっきりしたら、地震予知に新たな道が開けるかもしれません。

津波の予測

沈み込み帯の海域で発生するプレート間地震やアウターライズ地震は、規模が大きくなると津波を生み出します。津波はしばしば海岸から陸に浸入して、地震の揺れ以上に大きな災害をもたらします。２０１１年3月11日の東北地方太平洋沖地震では1万８０００人あまりの人命が失われましたが、そのおよそ9割は津波が原因であったと推測されます。

津波は池に小石を投げたときに水面に波紋が広がるのと同じく、海面の高さの擾乱《じょうらん》（乱れ）が重力の効果で横に広がる現象です。津波を起こす海面の擾乱は、山崩れなどによって陸から多量の物質が海に流れこんだり、海底噴火で海底が陥没したりする場合にも発生しますが、原因として最も頻度が高いのは海底で起こる地震です。

海底直下の浅い場所で地震が起こると、断層すべりによる変形が海底に及んで海底を動かします。海底の動きのうちで上下変動が津波の原因になります。断層すべりは短時間で完了するので、海底の変動は海水の水平方向の流れでほとんど緩和されずに海面に及び、海面は海底とほぼ平行に上下します。この海面の動きが初期擾乱となって津波が起こるのです。

地震で生ずる海面の擾乱は、水平方向の広がりが海の深さ（水深）に比べて十分長いので、深さにほとんど依存しない一様な流れをつくって隣接する海面を上下させます。このようにして、津波はほとんど形状を崩さずに海面を伝わります。数学的には津波の伝播は浅水波理論で記述され、波動方程式と類似な方程式に支配されます。この理論によれば、津波が伝わる速度は重力加速度(9・8m/s^2)と水深の積の平方根で与えられます。

海の平均的な深さ4kmに対して、津波の伝播速度は200m/s(時速700km)になります。津波は遠洋をジェット機なみの速度で伝わるのです。津波が陸に近づくと、水深が浅くなるために伝播速度が遅くなります。この効果は津波の内部でも働いて、前面が後面より伝播が遅れ、津波は圧縮されて波高が高まります。そのために海岸に到達する津波は遠洋より高くなるのです。

津波が発生してから陸に到達するまでの過程は、海面の初期擾乱と到達地点までの水深の分布が分かれば、浅水波理論を使ってほぼ正確に計算できます。しかし、この計算が津波予報に使われることはほとんどありません。理由のひとつは計算に時間がかかりすぎて予報に間に合わないこと、もうひとつは海面の初期擾乱をすぐに見積もるのが難しいことです。

海面の初期擾乱が正確に決まらなくても、海底で地震が発生したときに震源付近で海面の擾乱が生じることは確かですから、その点からまわりに広がる津波をたどって、海岸に到達する時間を大体計算できます。この計算は震源からある程度離れた地点に届く津波の予測に役立ちます。その場合でも、計算はやはり相応の計算時間がかかりますから、津波予報に直接用いるのは得策ではありません。そこで、計算結果をＡＮＮの学習に用いて津波の予測システムをつくった研究があります（次節で紹介）。

しかし、地震が陸の近くで起きたときは、津波の発生源を1点とみなす方法では意味のある計算ができません。発生源としては、断層の真上に広がる海面の擾乱を分布まで含めて考慮する必要があります。ところが、地震発生直後に観測で得られるのは震源（すべりの開始点）の位置と地震の大きさ（マグニチュード）だけです。断層の大きさやすべりの分布は、余震の観測や地震波形の詳細な解析を待って初めて明らかになります。

そこで、近海で発生する津波を発生直後に予測するには工夫がいります。気象庁は、地震が海底の浅部で起き、規模がある程度以上であるときに、津波の可能性をまず警告します。海底の地震でも規模が小さければ、津波の高さは通常の海面変化の程度でおさまりますから、警戒の必要はありません。警告された津波の到達時間や高さは、過去の実例などから断層を想定して計算した結果をあらかじめデータベースにしておいて、現実に起きた地震に近い事例を検索して類推します。

このような方法で出される津波予報はかなり大きな誤差を含みますが、警報が活かされれば多くの人命が救えます。予報の精度を上げるために、津波が陸に到達する前に海上でとらえる方法が検討されています。たとえば、海底ケーブルに圧力計をつけておけば、圧力変化から津波が真上を通過する時間や高さが分かります。日本近海の海溝では、その陸側に津波の海洋観測網の建設が進められています。

津波予測への人工知能の活用

津波として伝わる海面の擾乱は、時間と空間にわたる変化の全貌が浅水波理論によって記述されますが、津波が最初に到達する時間だけならもっと簡単に計算できます。擾乱の伝播速度は水深で決まるので、津波が海面上で最も速く伝わる方向を発生点から海岸までたどり、経路の各部分を通過する時間を積算すれば、伝播にかかる時間が求まるのです。

そこで、たとえば地震などが原因になってどこかで津波が発生したときに、津波が海岸に到達するまでにかかる時間(到達時間)は、津波波形の完全な形状より簡単に計算できます。それでも、到達時間の計算は伝播経路を探す処理などに相応の時間がかかるので、津波を即時に予報する目的に利用するのには不向きです。そこで、計算結果をANNの学習に用いて、津波の到達時間がすぐに予測できるシステムがつくられました[4]。

対象とするのはインド洋を襲う津波です。津波の到達時間を計測する地点としては、アフリカ、インド、マレー半島にかけて広がるインド洋周辺の海岸から、比較的人口が密集する47地点が選ばれました。想定する津波の発生地点としては、過去に津波を生み出したことのあるプレート間地震を考慮して、太平洋西部やインド洋東部の海溝沿いの240地点が選ばれました。

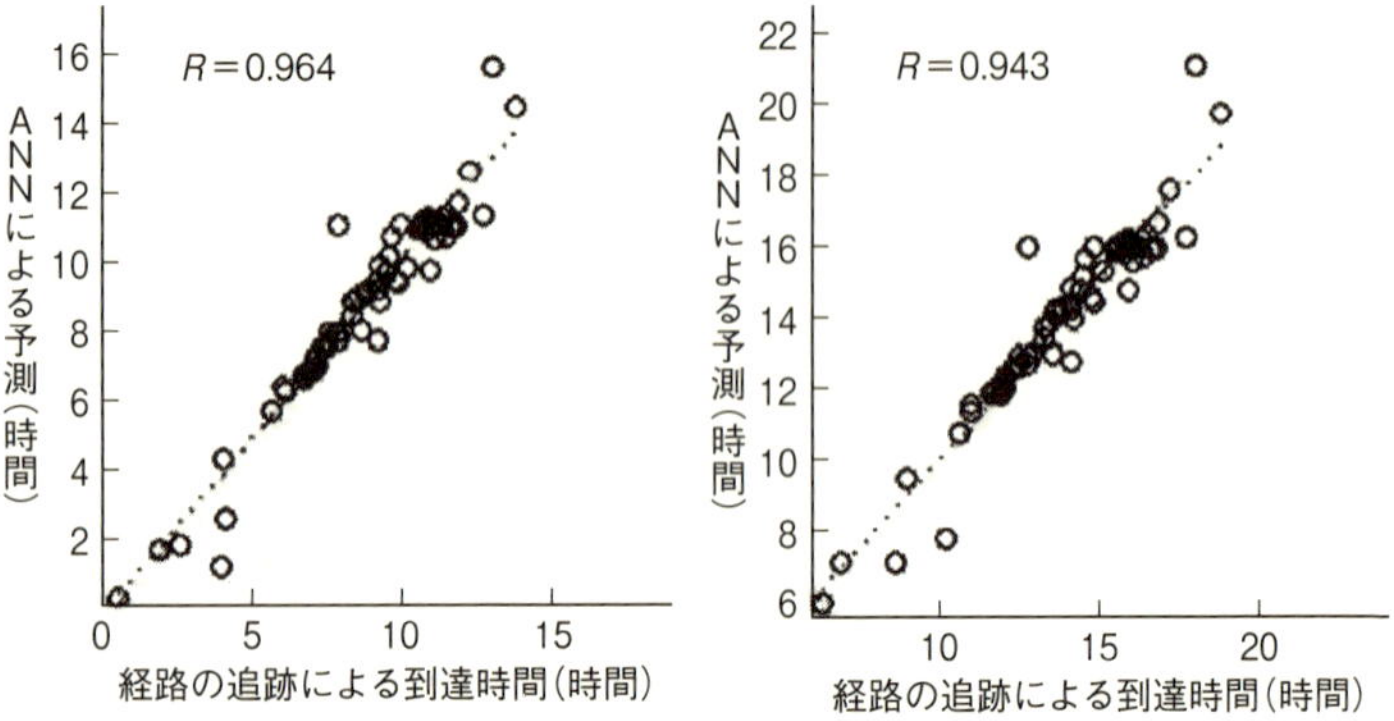

図 5-4 インド洋周辺の海岸の 47 地点に津波が到達するまでの時間[4]．横軸は津波経路の追跡からシミュレーションで計算された津波の到達時間，縦軸は ANN による到達時間の予測値で，学習に用いられなかった教師データによるテスト結果である．同様の結果が各々の津波発生源に対して得られるが，左はそのうちで最もよく合う予測結果，右は最も合わない予測結果である．*R* は相関係数である．津波発生源は太平洋西部やインド洋東部の海溝沿いに 240 地点が想定されている．

ＡＮＮの入力は津波発生源の緯度と経度、出力は海岸に分布する各地点に津波が到達する時間です。そこで、入力層には2つのニューロンが、出力層には47個のニューロンがおかれます。入力層と出力層の間には2層の隠れ層が設けられ、そのニューロンの数は20から30の間で試行されて、30が推奨されています。

津波の発生地点と到達地点が定まると、津波の伝播経路をたどって到達時間が計算できますから、それを出力値とする教師データがつくられます。教師データは多数得られますから、その中から適当な組み合わせを複数選んで学習とテストに用いました。

図5−4はＡＮＮの性能をテストした結果の一例です。この例では学習に１６０個、テストに80個の教師データを用いました。海岸の47地点に対して、図の横軸は津波経路の計算から得られた到達時間、縦軸はＡＮＮによる到達時間の予測値です。想定された多数の発生源のうちで、最も良好な予測が得られた結果を左図に、最も悪い予測が得られた結果を右図に示します。いずれの場合も予測は計算とかなりよく一致しており、その相関係数は０・９５程度になります。

このシステムの特徴は、ＡＮＮの学習に津波の経路を追跡するシミュレーションが使われている点です。シミュレーションは実際の計測データのない経路についても実行できますから、多数の教師データを容易に提供できます。シミュレーションにはかなりの計算時間がかかりますが、計算結果を集めてあらかじめ学習を済ませておけば、ＡＮＮによる予測結果はほぼ瞬時に得られます。

第6章 人工知能時代の予測と社会

人工知能技術の気象、噴火、地震、津波現象への予測事例を踏まえて、これらの各分野で人工知能の活用を今後どう進めたらよいかを議論します。また、予測情報を防災に有効に活かす方法を検討します。さらに、人工知能についてここまで学んできたことを基礎に、現在の人工知能の能力や限界をまとめ、人工知能と社会の将来を展望します。

気象、津波、噴火の予測に人工知能が果たす役割

ここまで、気象、噴火、地震・津波の各分野で、蓄積されたデータが比較的単純な人工知能技術を用いて予測に活用されていることをみてきました。これらの事例で得られた成果をまとめ、人工知能技術の活用について今後を展望してみましょう。議論は基本的には分野ごとに進めますが、分野を超えた特徴や課題にも注意を払います。

気象現象の予測には演繹的な手法が確立され、天気予報などに実用化されていますが、予測方法には問題点もあります。計算に使うモデルの不正確さが予測の精度を限定する場合が

ありますし、天気にとって重要でも、数値計算に使われる格子点の間隔より小規模なためにうまく表現できない現象もあります。また、基礎方程式がカオスの性質をもつために、1週間程度より先の計算は信頼できません。

これらの問題点には人工知能技術の活用で補えるものがあります。サイクロンの進路予測（第3章）をみると、熱帯低気圧の進路は人工知能技術を用いる経験的な手法を併用することで予測の精度が上げられそうです。また、数年にわたる降雨量の解析結果（第3章）で確認されるように、演繹的な手法がカオスの影響を受ける現象も、人工知能技術を用いた経験的な手法でなら予測できます。

このように、気象現象への人工知能技術の活用は、演繹的な手法を補う形で個々の現象ごとに進めるのがよさそうです。竜巻や線状降水帯のような小規模な現象も、人工知能技術を活用することで予測の可能性が広がると期待されます。

数年以上の長期にわたる気象現象は、カオスの影響を避けて、大気の運動が定常状態にあるとする気候モデルなどで解析されます。しかし、気候モデルと天気予報に用いるプリミティブモデルの中間には、異常気象への地球温暖化の影響などの重要な問題があります。このような問題の予測には人工知能技術が独自の価値をもちます。

津波の伝播も演繹的な計算が可能な現象ですが、そのシミュレーションはリアルタイムで予測に活用するには計算時間がかかりすぎます。しかし、インド洋の津波予測の研究（第5

章)にみるように、計算時間の問題はシミュレーションの結果を人工知能の学習に用いることで解決できます。学習にはじっくりと時間をかけ、迅速さが求められる予測には、学習で得られた人工知能のシステムを使えばいいのです。

津波の実測データをシミュレーションで補って人工知能の学習に用いれば、津波の総合的な予測システムがつくれます。わが国では津波が陸に到達する前に海洋で把握する観測網が整えられてきましたが、新しく加えられた観測網は実際の津波を経験していません。しかし、学習にシミュレーションを用いることで、津波予測システムに海洋の津波観測も有効に組み込めるはずです。

噴火現象の予測では、過去の噴火履歴や観測データの蓄積が人工知能技術の学習に用いられてきました。ここで注意したいのは、噴火タイプの予測事例(第4章)が入力データとして噴火記録と地震観測データを併用していることです。人工知能は種類の異なるデータを一緒に入力して予測に柔軟に活用できるのです。

噴火発生の可能性は、火山の性質や構造、過去の噴火履歴、現在得られている各種観測データなどを考慮して総合的に判断されます。この判断は今まで人間が下してきましたが、異なる情報を柔軟に入力できる特徴に着目すれば、人工知能に代行させることもできるはずです。人工知能は膨大なデータを学習でき、判断は客観的ですから、人間よりすぐれた噴火予測システムもつくれそうです。

人工知能を予測に活用するときにいつも課題になるのは、十分な学習材料をそろえることです。この課題は気象現象にも当てはまりますが、噴火現象は発生の時間間隔が長いので、データの蓄積がさらに困難です。その打開策のひとつは学習にシミュレーションを使うことですが、噴火発生過程のシミュレーションは基盤が気象現象や津波よりずっと脆弱です[1]。

しかし、シミュレーションを活用する予測結果が実情に合わなかったら、モデルや定数を変えることで予測システムを改善できます。シミュレーションは仮想的な条件に対しても実行できますから、広い条件の範囲でモデルや定数をチェックできます。予測システムにシミュレーションがうまく組み込めたら、噴火の理解を深めながら予測内容を改善する運用ができるはずです。

人工知能の地震予知への利用

地震予知は実用化の難しさが認識されて、発生確率を見積もる方向に舵を切りました（第5章）。しかし、内陸地震のように発生間隔の長い地震は、発生確率が小さな値になりがちで、その公表が警戒の軽視につながりかねません。プレート間地震のように確率が高い場合も、地震が数十年程度の間に起こる可能性が高いといえば、予測情報としては十分です。発生確率を公表する防災上の意味をもっとはっきりさせる必要があるでしょう。

地震発生の確率的な評価は現在の地震学の実力に見合うものともいえますが、地震の発生時期や規模を決定論的に予測しようとする従来の地震予知の方が社会の求めに近いことも確かです。決定論的な地震予知は、その達成にこだわる地震学研究者も少なくなく、目標として掲げることを簡単にあきらめるべきではないでしょう。

決定論的な地震予知の基本的な方策は、地震の前兆現象を用いることですが、異常現象を事前に前兆と認識する難しさは今までの経験でよく分かっています。そこで、地震に階層構造があること(第5章)を意識しながら、前兆現象を体系化することが望まれます。また、地震の発生過程の規則性を経験的に探ることも重要で、その手段として人工知能の役割が期待されます。

前兆現象には、前震の他に地殻の変形、地下水に含まれる放射性元素の増加、地下や上空の電気伝導度の異常などが知られています。これらの観測データを総合的にみて、前兆として確度の高い異常が人工知能によって判別できればいいのですが、実際には様々な異常を含む観測が同時に得られた事例は少ないので、人工知能の学習材料をそろえるのが難しそうです。

世界を見渡すと、米国のコンピュータ業界大手のＩＢＭは、様々な目的で予測に利用されてきた汎用の人工知能ワトソンを地震予知や噴火予知に用いる計画を２０１５年に表明しました[2]。ワトソンはマントル対流やプレート運動の解析に貢献した実績がありますから、地震予知にもプレート運動の解析を基礎にするものと推測されます。観測データばかりでなく、地震関連する研究論文もワトソンに学習させて、方法の開発に利用することも検討されているようです。

また、米国航空宇宙局ＮＡＳＡは、人工衛星による上空の電磁気観測を基礎に、地震を予知するシステム GeoCosmo の開発を進めています。[3] 岩石に応力が加わると圧電効果で水晶などの鉱物に電圧が発生しますが、それが原因となって上空に生じる電流をとらえて、地震発生の原因となる応力の変化を検出しようとするのです。

ＩＢＭやＮＡＳＡが具体的にどんな成果を得ているかは伝わってきませんが、日本でできることもあります。日本列島には地震の振動波形と地面の動き（地殻変動）を把握するために稠密な観測網（図6–1）が構築され、ここ10年あまりの間に膨大な観測データが蓄積されてきました。この観測データを地震予知に活用できないでしょうか。

観測データは常時記録されていますから、予知の対象となる大きな地震についても、そこに至る経過が記録に残されています。そこで、人工知能に今までの膨大な観測記録を学習させて、大きな地震の前に現れる特徴を把握させ、予知の手がかりになる信号を見つけ出させることが目標になります。

しかし、膨大な観測データから地震予知の手がかりを探すのは雲をつかむような話ですし、現在の人工知能には観測データをそのまま入力できる容量も柔軟性もありません。そこで、観測データに前処理を施してデータの特徴を少数の変数で表現し、人工知能が受け入れやす

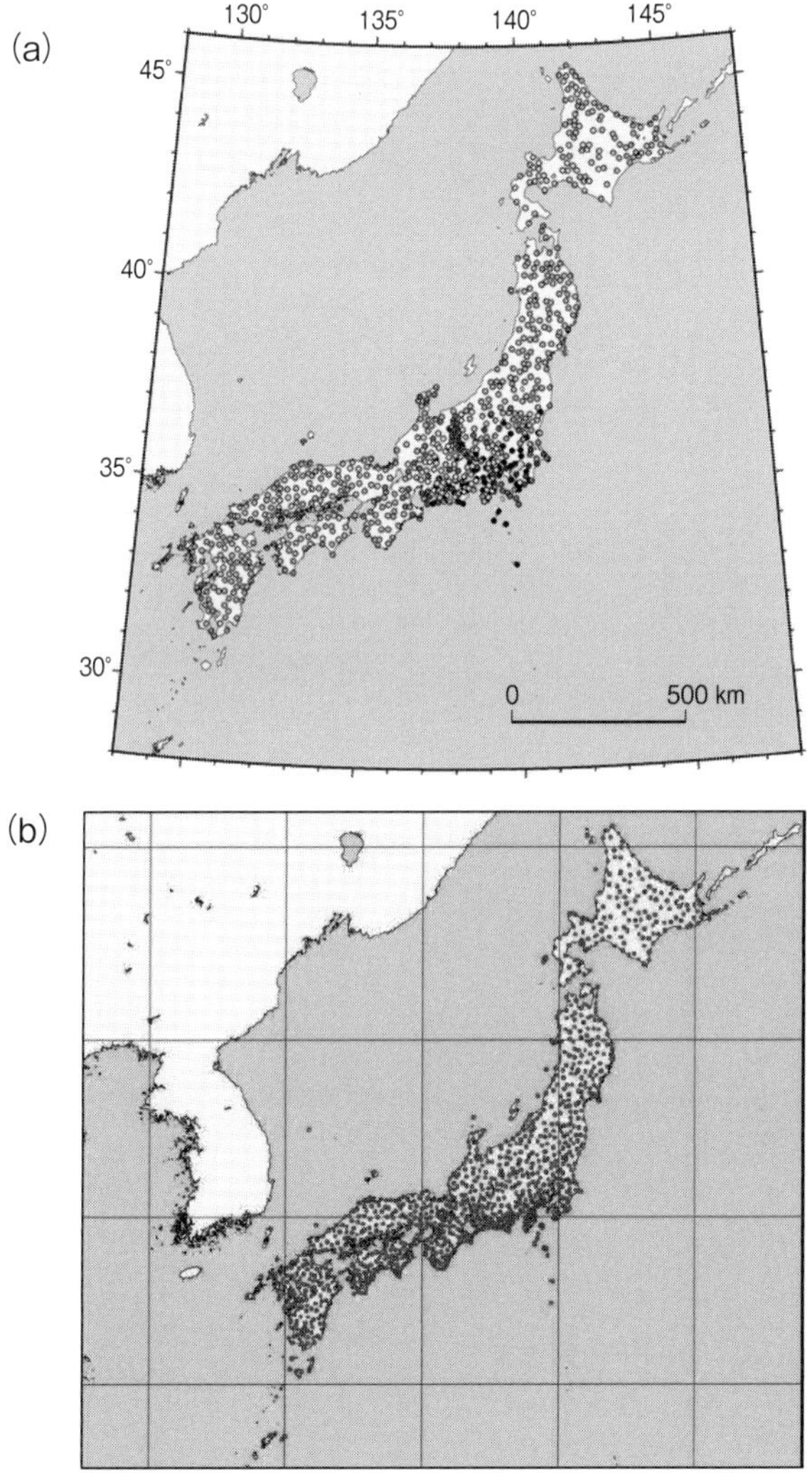

図 6-1　日本列島にはりめぐらされた地震波形と地殻変動の観測網．(a)地震波形の高感度地震観測網として防災科学技術研究所が管理するHi-net の観測点[4]．(b)国土地理院の電子基準点[5]．電子基準点にはGPS などの地殻変動観測機器がおかれ，常時観測がなされている．

い入力データをつくることが不可欠です。この操作には人間が解析の方向を誘導する意味もこめられます。

観測データの前処理にはたとえば次のような方法があります。地震波形は個々の地震に分離して、震源と地震の規模の分布で表現します。地殻変動のデータは適当に補完して、変動速度の分布を求めます。こうしておけば、地震の規模と地殻の変形速度の時空間分布が人工知能の入力データになり、そのデータ量は元の観測データより大幅に減ります。

しかし、前処理によって失われたり薄められたりする情報もあります。地震の発生前に断層の近傍には歪みが急速に集中するはずですが、補完で得られる変形速度にはその傾向が薄められます。また、元の振動波形を入力データから除外すれば、前震などの前兆現象を波形の特徴から判別する可能性は失われます。

そこで、前処理によって得られる入力データが地震の発生予測に適切かどうかをチェックする必要があります。チェックには、たとえば噴火タイプの予測(第4章)で用いた自己組織化写像が使えます。地震が起こったり起こらなかったりする多数の事例を集めて教師データをつくり、自己組織化写像による入力データの投影結果が地震発生の有無で分離するかどうかをみるのです。

蓄積された観測データを様々な角度から人工知能に学習させて、地震予知の手がかりを何とか見つけたいものです。

自然災害の予測と防災

災害に関する予測情報が行政機関などから社会に発信されても、それが防災行動に有効に活用されなければ災害の軽減につながりません。最近問題視されているのは、気象庁が豪雨などによる災害の恐れを予測し、地方自治体が避難勧告や避難指示を出しても、それに応じない住民が多数いることです。予測情報や配信方法を改善することで、この問題にどう対処できるか考えてみましょう。

住民が避難のよびかけに応じない理由はいくつか考えられます。単純な理由は、避難のよびかけが出されたことや、避難の対象に自分が含まれていることに気づかない場合です。その対応策は災害情報を知らせる手段や方法を改善することにつきます。特に、個人的なつながりで情報を伝えるネットワークを充実させることが有効でしょう。病人や高齢者などの災害弱者が被災するのを防ぐには、情報を伝えることに加えて避難を補助する体制を整えることも重要です。

避難がよびかけられていることは知っていても、真偽に疑いをもったり、状況の深刻さを認識しなかったりして、避難行動をとらない場合もあるでしょう。その対応策として自然現象の予測自体の精度が上げられればよいのですが、それはここまでみてきたように簡単ではありません。しかし、防災情報の緻密さや具体性を増して事態の深刻さを伝え、避難行動を促すことはできます。

現状では災害情報はかなり広い地域にわたって画一的に出されますから、警告が抽象的になりがちで、予測される災害の内容も明確ではありません。たとえば、同じ豪雨が原因でも、洪水に襲われる地域もあれば、地すべりで家屋が破壊される地域もあります。洪水に襲われるにしても、家が流される場合、床上まで浸水する場合、床下浸水ですむ場合で災害の深刻さや回避の方法が異なります。

被災の恐れのある災害の内容が地域ごとにきめ細かく配信できれば、想定される災害の内容や回避の方法が具体的に提示できます。そうしておけば、避難の対象となる人々が自分の状況について理解や判断を誤る可能性が減り、災害を軽減するための行動にも意欲が高まるはずです。

このような情報が有効に機能するためには、地域の災害の特徴とともに、災害の原因となる自然現象や被災を減らす行動について、ハザードマップなどで普段から周知を図ることが重要です。災害の危険性が高まった緊急時には、緻密で具体的な災害情報を地域別に発信するわけですが、それを少数の防災担当者がすべて準備し発信するのは困難です。

そこで、防災情報の発信に人工知能の活用が考えられます。自然現象の予測内容と地域の特性を考慮して、災害の可能性や対応方法を地域ごとにきめ細かく出力することは、現在の人工知能技術にとって難しくありません。人工知能の学習材料として過去の災害実績だけで不十分な場合には、地域の特性などを詳細に組み込んだシミュレーションで補えます。

災害情報に対応する住民の行動に配慮すれば、さらに適切な情報がつくれるでしょう。人間の移動についてはシミュレーションの方法がかなり発達していますから[1]、それを利用すれば、避難にかかる時間を見積もって、適切な避難時期や避難方法を提示することができるはずです。

準備された災害情報は、マスコミやインターネットなどを通して迅速に伝達する必要があります。情報を人工知能がつくる場合には、住民や防災担当者に自動的に配信したり、関心を寄せるマスコミや住民の求めに応じて提供したりすることも容易です。この作業を人工知能は緊急時の混乱の中でも確実に実行できます。

結局、防災対応にあたる人工知能は、入力情報の受理、自然現象の予測、人間の行動の予測、防災情報の作成、関係者への配信、問い合わせへの対応などの多様な処理を災害時に実行することが求められます。この目的を達成するには、各種の機能をもつ人工知能を寄せ集めて複合的なシステムをつくる必要があります。このシステムは、平常時には自然現象の予測情報を受け取って待機し、緊急事態の発生をいち早く察知して活動を開始するようにすることもできます。

ただし、防災に広く対応するシステムができても、自然現象の予測には不確実性が残りますから、結果からみると必要のない避難を強いることは相変わらず避けられません。しかし、このシステムが定着すれば、不確実な予測への対応方法が標準化され、それに対する人々の理解も得られやすくなるはずです。

人工知能技術の防災への活用は現代社会で関心の高いテーマです。防災機関などで現在開発が具体的に検討され計画されている機能には、効率的な防災対応のために関連する諸情報を集約する機能、住民からの問い合わせに対応する機能、ドローンで撮影された画像を解析して災害の実態を素早く把握する機能などがあるようです。

人工知能の能力

予測への応用を目的にして、ここまで人工知能について色々と学んできました。それを復習しながら、現在の人工知能がもつ能力についてもっと一般的に考えてみましょう。議論は人間と比較したり、人間との関係を検討したりしながら進めます。

深層学習によって人工知能の認識能力は格段に向上しました。パソコンやスマートフォンは、音声入力を使って操作したり、被写体に描かれた文字を読み取って即座に他国語に翻訳したりすることができるようになりました。自動車の自動運転は実用化の目前にきているようです。人工知能を搭載するロボットなどが身の回りで日常的に活動する日もそう遠くないでしょう。

人工知能には人間と比べて優れた点が多々あります。処理能力の圧倒的な速さから、人工知能は人間よりはるかに多くの題材を短時間に学習できます。学習をすませた後は、人間よりずっと素早く結論が出せ、その結論は好みや恣意性に歪められずに、同じ入力にいつも同じ出力が得られるという意味で客観的です。

結論が客観的であるという利点を考慮すれば、人間の代わりに人工知能に判断をゆだねる方がよい問題は少なくありません。人工知能がさらに発達したら、裁判の判決や予算の割り振りなどに、法律や過去の事例などを大量に学習した人工知能が使われるようになるかもしれません。人間は目先の利益にとらわれがちですが、人工知能はもっと広い視野で未来の利益にも配慮する判断が下せそうです。

学習の仕方も多様になっています。ブランコをしながら自分でこぎ方を学んでいくロボットの姿は感動的です[6]。ロボットはあれこれ足を動かしてブランコの反応を確かめ、ブランコの周期や効率的な足の動かし方を学習して、人間以上に上手にブランコをこぐようになるのです。

しかし、人工知能はまだ多くの点で人間に劣ります。特に、判断の柔軟さや発想の豊かさは人間に太刀打ちできません。入力情報だけで定まらない問題には、人工知能の判断は大きく揺らぎますが、人間は他の状況も多角的に加味して妥当な判断が下せます。また、人工知能の発想が与えられた条件の範囲で乱数的なばらつき以上の飛躍ができないのに、人間はしばしば予想外の思いつきで技術や芸術に大きな改革をもたらします。

人工知能がかかえる悩ましい問題は、結論を導く過程がブラックボックスで、推論の筋道がたどれないことです。そのために、人工知能による予測や判断は結果がすべてです。予測がうまくいっても理由は不明ですし、予測が正しくないときはどこが悪いのかを探る手がかりがありません。機能を改善するには、内部の仕組みや学習の題材を試行錯誤で試すしかありません。

別な角度からみれば、人工知能が出す結論は論理的には正当性が保証されず、類似な多数の応用事例をみて経験的に評価するしかありません。この制約は、人工知能の応用を広げる上でも、開発を進める上でも不便なので、動作の際に内部でニューロンなどがどういう役割をになうのかを解析する試みもありますが、適用は限定的なようです。

人工知能と比べれば、人間の推論は多くの場合演繹的で、結論を導く論理や題材がたどれ、悪い部分を見つけて修正することができます。修正がうまくいけば、対象となる現象や問題の理解も深まります。なお、第1章では人工知能は経験的な予測を強化する手段だと述べましたが、すでに指摘したように、学習にシミュレーションを活用すれば人工知能にも演繹的な機能が加えられます。

学習についても、人工知能は目的に必要な題材だけを学習の対象にしますが、人間はある目的に向かって学習するときも、関連する題材を一緒に学習するのが普通です。そのために、人間が学習する内容は一般的に人工知能より多彩で厚みのあるものになります。この違いは人工知能と人間の存在形態に根ざすものかもしれません。

人工知能は特定な目的を遂行するために開発された電子回路です。とはいえ、基盤となるコンピュータの性能は毎年飛躍的に向上します。人間の方は、環境に適応して自らが生存するために行動する有機体です。人類は過酷な環境の中で種を維持するために多様な進化をとげてきました（第2章）。人工知能やロボットが自立して生存するようになったら、人間と同じような学習方法をとるかもしれません。

人工知能にとって最も大きな制約は、人間がつくったものだという点でしょう。動作の目的や構造は人間が定め、学習の題材も人間がそろえます。開発の目的は多くが人間のもつ能力のどれかを実現することですし、開発が成功したかどうかも人間と比較して判断されます。人工知能は開発し活用する人間への依存性が極めて強いのです。

深層学習によって飛躍をとげたとはいえ、現在の人工知能は人間に従属する道具にとどまり、人間から離れて自力で進歩することができません。深層学習は今後さらに応用が広がるでしょうが、人工知能のこの限界を超える力にはなりそうもありません。

人工知能と社会の未来

現在の人工知能は高度な機能をもつにしても人間の道具にすぎません。しかし、道具であっても人間に大きな影響力をもちますし、将来は道具から脱却して人間を超える存在になるかもしれません。そこで、人間と人工知能の関係について将来の展望を含めて考えてみましょう。考察の手がかりを得るために、まず技術の発達が人間や社会にどう影響してきたかを大まかにまとめます。

人類は文明を開花させて以来様々な技術や道具を開発してきました。その開発が累積して、食料などの資源を得る方法は抜本的に改革され、人間の生き方や社会の形は一変しました。技術が改革される過程では、人間や社会に大きな利益がもたらされる一方で、不都合な影響も生じました。

総じていえば、技術や道具の進歩で人間は辛い労働から解放され、豊富な物質に囲まれて豊かになりました。しかし、生産性の高い仕事が生まれる一方で、仕事や生活の変化に無理に適応を迫られる人々も少なくありませんでした。産業革命のときは、高収入で経済力をもつ資本家が生まれましたが、多くの人々は農村から都市に移住し、工場などで過酷な労働に従事しながら貧しい生活を強いられました。

見方を変えれば、技術の進歩は人間の活動を容易にする一方で、新たな不利益を生み出しました。たとえば、交通手段の進歩で人間の移動にかかる時間は短縮され、人間が活動する範囲は拡大しました。反面、交通事故が増加し、航空機事故のように大規模で深刻な事故も出現しました。戦争では航空機などの軍事利用で大量の殺戮が起こるようにもなりました。

このように、技術の進歩は人間や社会にとって正負の両面をもちますが、歴史にみられる進歩の駆動力は生産性や経済効率を上げて利益を追求する意欲である場合が目立ちます。進歩の目的は人間の幸福より支配者や権力者などの利益が優先される傾向が強いようです。

コンピュータや人工知能が技術を代表する現代でも、人間や社会と技術の関係は基本的には変わりません。人工知能の利用で自動化が進むと、人間は単純作業から解放されて新しい仕事に移ります。人工知能が代行できる作業は書類の読み取りや整理、面会者の受けつけ、病人や高齢者の介護などに広がり、人間に残される仕事は次第に専門化して高度になる傾向があります。

新しい技術の開発が巨大な投資を得て最も成果を上げるのは、いつの時代も軍事産業です。人工知能の応用では武器の無人化が進んでいます。開発途上国で戦争が起きたら、無人の武器が貧しい人々を無差別に殺傷する事態になりかねません。武器の開発に投資して、その販売で巨額の利益を得るのは先進国の戦争ビジネスです。

このような従来型の技術と人間の関係に加えて、人工知能の発達が人間や社会に異質な形で影響する可能性が指摘されています。人工知能の能力が人間を超えるとき、いわゆる**技術的特異点**（**シンギュラリティー**）が間もなくくるというのです。似たような予測がされたことは昔から何度もありましたが、最近は技術的特異点が２０４５年に到来するという説がよく話題になります。

技術的特異点に到達したら、人工知能は人間の道具から脱却するはずです。そのときに人工知能がどんな姿をとり、人間とどのような関係にあるかが問題です。心配されるのは、人工知能が人間に反逆したり人間を支配したりする事態です。ただ、人工知能が人間を超えるという意味がそもそも曖昧です。そのためもあって、技術的特異点が本当にくるのか、またそれがきたら社会がどう変わるのかについては諸説があります。

現在の人工知能は人間から離れて自分で進歩することができません。技術的特異点を恐れるのなら、この段階で人工知能と人間の関係について基本的な合意を得てから今後の開発に臨むべきでしょう。

あとがき

人工知能（ＡＩ）の話題が巷にあふれ、その活用が仕事や生活のあちこちでみられるようになりました。その一方で、自然災害は相変わらず人間のなすすべもなく猛威をふるっており、科学の進歩にちぐはぐさが感じられます。特に、地震が予知できないことに社会は困惑しています。それならば、地震予知を人工知能にやらせたらどうだろうか、そう考えたのが本書にとり組むきっかけでした。

人工知能に天気、地震、津波、噴火などの予測をやらせるという着想は決して新しくありませんが、実用にこぎつけるには研究の積み重ねが必要です。そこで、これらの自然現象の予測に人工知能がどう使われているのか改めて調べてみました。

本文にも書いた通り、災害の原因となる自然現象の予測に人工知能を活用する動きはまだ研究段階にあり、関連する研究もあまり多くありません。研究内容は概して初歩的で、防災には強いインパクトがありません。特に、地震予知は人工知能を使ってもまだ目途がたちそうにありません。そこで、この問題に広く興味を呼び起こす必要があると感じて、調べたり考えたりした内容を本書にまとめて世に出すことにしたわけです。

人工知能の応用が初歩的な段階にあるにしても、応用事例には学ぶべき点が少なくありません。人工知能がこんなふうに活用できるのかと感心することも多々ありました。もちろん、個々の応用事例には発展の可能性があり、今後の展開の基礎や出発点になるはずです。この程度の解析だったら自分にもできそうだと思える点は、解析の技術をもたれる読者には逆に魅力になりそうです。そう考えて、代表的な応用事例の解説を本書の中核にすえました。

この応用事例を地球科学に興味のある読者が見たら、それに触発されて発展の着想を得たり、将来の展開に想像を膨らませたりするかもしれません。その可能性も期待して、本書の最初の2つの章に、予測の科学の基本的な考え方や注意点について記述し、応用事例に用いられている技術を中心に人工知能について基礎知識をまとめました。

興味がむしろ人工知能にある読者にとっては、人工知能を応用する題材としての魅力が重要だと思われます。そこで、各々の応用事例がどんな学習材料を用いてどんなシステムを構築したかを詳細に記述するようにしました。さらに、題材となった問題の意味や背景に関する理解を深めるために、自然現象やその予測方法についての地球科学的な知識を短くまとめました。

自然災害は人類共通の脅威ですから、原因となる自然現象を正確に予測することは人類の悲願ともいえます。正確な予測を実現するために、人工知能は強力な武器となるはずです。人工知能の活用で、行き詰まっている予測方法に糸口が見えたり、新たな展望が開けたりする可能性は少なくないはずです。この問題に多くの人々が興味を抱かれることは、研究を盛り上げ、開発を支えることになります。

予測への人工知能の応用は、様々な分野で今後ますます広がりをみせるでしょう。応用に共通する課題や面白さが自然現象の予測にも含まれます。それをお伝えすることも本書の重要な役割と考えました。

本書を準備する過程で、岩波書店自然科学書編集部の濱門麻美子編集長には出版の道筋をつけていただいたばかりでなく、原稿の細部まで目を通して改善のために多数のアドバイスをいただきました。ここに記して感謝の意を表します。

２０１９年１月

井田喜明

第5章

［1］ 井田喜明『地球の教科書』岩波書店，2014.

［2］ B. Rouet-Leduc, C. Hulbert, N. Lubbers, K. Barros, C. J. Humphreys and P. A. Johnson. “Machine learning predicts laboratory earthquakes.” *Geophysical Research Letters*, 10.1002/2017GL074677, 2017.

［3］ K. Aki. “Asperities, barriers, characteristic earthquakes and strong motion prediction.” *Journal of Geophysical Research*, 89, 5867–5872, 1984.

［4］ R. Barman, B. P. Kumar, P. C. Pandey and S. K. Dube. “Tsunami travel time prediction using neural networks.” *Geophysical Research Letters*, 33, L16612, doi:10.1029/2006GL026688, 2006.

第6章

［1］ 井田喜明『シミュレーションで探る災害と人間』近代科学社，2018.

［2］ M. Murphy. “IBM wants to predict earthquakes and volcanoes with Watson.” https://qz.com/556172/，2017.

［3］ GeoCosmo.org. “NASA GeoCosmo: Global earthquake forecast system.” www.meteoquake.org/indexaa2.html，2018.

［4］ 防災科学技術研究所「Hi-net 高感度地震観測網」http://www.hinet.bosai.go.jp/topics/hinet15anniv/，2018.

［5］ 国土地理院「GNSS 連続観測システム」http://terras.gsi.go.jp/geo_info/gps-based_control_station.html，2018.

［6］ F. Sawaki「人工知能でブランコを漕ぐロボットは人間に近づくのか，それとも超えるのか？」Red Bull, https://www.redbull.com/jp-ja/ai-robot, 2016.

第3章

[1] 井田喜明『地球の教科書』岩波書店，2014.

[2] 浅井冨雄，新田尚，松野太郎『基礎気象学』朝倉書店，2000.

[3] 井田喜明『シミュレーションで探る災害と人間』近代科学社，2018.

[4] 二宮洸三『数値予報の基礎知識』オーム社，2004.

[5] M. M. Ali, C. M. Kishtawal and S. Jain. "Predicting cyclone tracks in the north Indian Ocean: An artificial neural network approach." *Geophysical Research Letters*, 34, L04603, doi:10.1029/2006GL028353, 2007.

[6] A. K. Sahai, M. K. Soman and V. Satyan. "All India summer monsoon rainfall prediction using an artificial neural network." *Climate Dynamics*, 16, 291–302, 2000.

[7] P. D'Odorico, R. Revelli and L. Ridolfi. "On the use of neural networks for dendroclimatic reconstructions." *Geophysical Research Letters*, 27, 791–794, 2000.

第4章

[1] 井田喜明『シミュレーションで探る災害と人間』近代科学社，2018.

[2] I. De Falco, A. Giordano, G. Luongo, A. Mazzarella and E. Tarantino. "The eruptive activity of Vesuvius and its neural architecture." *Journal of Volcanology and Geothermal Research*, 113, 111–118, 2002.

[3] S. Castellarol and F. Mulargia. "Classification of pre-eruption and non-pre-eruption epochs at Mount Etna volcano by means of artificial neural networks." *Geophysical Research Letters*, 34, L10311, doi:10.1029/2007GL029513, 2007.

[4] R. Carniel, A. D. Jolly and L. Barbui. "Analysis of phreatic events at Ruapehu volcano, New Zealand using a new SOM approach." *Journal of Volcanology and Geothermal Research*, 254, 69–79, 2013.

参考文献

第 1 章

[1] ウィリアム H. マクニール(増田義郎，佐々木昭夫 訳)『世界史(上・下)』中公文庫，中央公論新社，2008.

[2] 井田喜明『人類の未来と地球科学』岩波現代全書，岩波書店，2016.

[3] E. N. Lorenz. “Deterministic nonperiodic flow.” *Journal of Atmospheric Sciences*, 20, 130–141, 1963.

[4] 井田喜明『自然災害のシミュレーション入門』朝倉書店，2014.

[5] 船越満明『カオス』朝倉書店，2008.

[6] 高安秀樹『フラクタル』朝倉書店，2010.

[7] J. Dubois and J. L. Cheminée. “Fractal analysis of eruptive activity of some basaltic volcanoes.” *Journal of Volcanology and Geothermal Research*, 45, 197–208, 1991.

第 2 章

[1] 徳野博信『脳入門のその前に』共立出版，2013.

[2] 高橋宏知『メカ屋のための脳科学入門——脳をリバースエンジニアリングする』日刊工業新聞社，2016.

[3] 斎藤康毅『ゼロから作る Deep Learning —— Python で学ぶディープラーニングの理論と実装』オライリー・ジャパン，2016.

[4] 松尾豊『人工知能は人間を超えるか——ディープラーニングの先にあるもの』角川書店，2015.

[5] M. J. Benton(鈴木寿志，岸田拓士 訳)『生命の歴史——進化と絶滅の 40 億年』丸善出版，2013.

[6] 更科功『絶滅の人類史——なぜ「私たち」が生き延びたのか』NHK 出版，2018.

[7] Wikipedia「人類の進化」https://ja.wikipedia.org/wiki/, 2018.

[8] 科学ブログ「生物史から，自然の摂理を読み解く」www.seibutsushi.net/blog/2007/02/000159.html，2007.

井田喜明

1941年，東京生まれ．東京大学理学部物理学科卒業，同大学院理学系研究科地球物理学博士課程修了．理学博士．マサチューセッツ工科大学，東京大学物性研究所，同海洋研究所，同地震研究所，姫路工業大学(現兵庫県立大学)などで研究・教育に携わりながら，日本火山学会会長，火山噴火予知連絡会会長なども務める．現在はアドバンスソフト株式会社研究顧問．東京大学名誉教授．兵庫県立大学名誉教授．専門は固体地球物理学．

著書に『人類の未来と地球科学』『地球の教科書』(以上 岩波書店)，『シミュレーションで探る災害と人間』(近代科学社)，『自然災害のシミュレーション入門』(朝倉書店)，『地震予知と噴火予知』(ちくま学芸文庫)などがある．

岩波 科学ライブラリー 282

予測の科学はどう変わる？
──人工知能と地震・噴火・気象現象

2019年2月21日 第1刷発行

著 者 井田喜明《いだよしあき》

発行者 岡本 厚

発行所 株式会社 岩波書店
〒101-8002 東京都千代田区一ツ橋 2-5-5
電話案内 03-5210-4000
http://www.iwanami.co.jp/

印刷・理想社 カバー・半七印刷 製本・中永製本

ISBN 978-4-00-029682-3 Printed in Japan

●岩波科学ライブラリー〈既刊書〉

267
小澤祥司
うつも肥満も腸内細菌に訊け！
本体一三〇〇円

腸内細菌の新たな働きが、つぎつぎと明らかにされている。つくり出した物質が神経やホルモンをとおして脳にも作用し、さまざまな病気や、食欲、感情や精神にまで関与する。あなたの不調も腸内細菌の乱れが原因かもしれない。

268
小山真人
ドローンで迫る　伊豆半島の衝突
カラー版　本体一七〇〇円

美しくダイナミックな地形・地質を約百点のドローン撮影写真で紹介。中心となるのは、伊豆半島と本州の衝突が進行し、富士山・伊豆東部火山群・箱根山・伊豆大島などの火山活動も活発な地域である。

269
諏訪兼位
岩石はどうしてできたか
本体一四〇〇円

泥臭いと言われつつ岩石にのめり込んで70年の著者とともにたどる岩石学の歴史。岩石の源は水かマグマか、この論争から出発し、やがて地球史や生物進化の解明に大きな役割を果たし、月の探査に活躍するまでを描く。

270
岩波書店編集部編
広辞苑を3倍楽しむ　その2
カラー版　本体一五〇〇円

各界で活躍する著者たちが広辞苑から選んだ言葉を話のタネに、科学にまつわるエッセイと美しい写真で描きだすサイエンス・ワールド。第七版で新しく加わった旬な言葉についての書下ろしも加えて、厳選の50連発。

271
廣瀬雅代、稲垣佑典、深谷肇一
サンプリングって何だろう
統計を使って全体を知る方法
本体一二〇〇円

ビッグデータといえども、扱うデータはあくまでも全体の一部だ。その一部のデータからなぜ全体がわかるのか。データの偏りは避けられるのか。統計学のキホンの「キ」であるサンプリングについて徹底的にわかりやすく解説する。

272
虫明　元
学ぶ脳
ぼんやりにこそ意味がある
本体一二〇〇円
ぼんやりしている時に脳はなぜ活発に活動するのか？　脳ではいくつものネットワークが状況に応じて切り替わりながら活動している。ぼんやりしている時、ネットワークが再構成され、ひらめきが生まれる。脳の流儀で学べ！

273
イアン・スチュアート／川辺治之 訳
無限
本体一五〇〇円
取り扱いを誤ると、とんでもないパラドックスに陥ってしまう無限を、数学者はどう扱うのか。正しそうでもあり間違ってもいそうな9つの例を考えながら、算数レベルから解析学・幾何学・集合論まで、無限の本質に迫る。

274
松沢哲郎
分かちあう心の進化
本体一八〇〇円
今あるような人の心が生まれた道すじを知るために、チンパンジー、ボノボに始まり、ゴリラ、オランウータン、霊長類、哺乳類……と比較の輪を広げていこう。そこから見えてきた言語や芸術の本質、暴力の起源、そして愛とは。

275
松本　顕
時をあやつる遺伝子
本体一三〇〇円
生命にそなわる体内時計のしくみの解明。ショウジョウバエを用いたこの研究は、分子行動遺伝学の劇的な成果の一つだ。次々と新たな技を繰り出し一番乗りを争う研究者たち。ノーベル賞に至る研究レースを参戦者の一人がたどる。

276
濱尾章二
「おしどり夫婦」ではない鳥たち
本体一二〇〇円
厳しい自然の中では、より多く子を残す性質が進化する。一見、不思議に見える不倫や浮気、子殺し、雌雄の産み分けも、日々奮闘する鳥たちの真の姿なのだ。利己的な興味深い生態をわかりやすく解き明かす。

定価は表示価格に消費税が加算されます。二〇一九年二月現在

●岩波科学ライブラリー〈既刊書〉

277 ガロアの論文を読んでみた
金 重明
本体一五〇〇円
決闘の前夜、ガロアが手にしていた第1論文。方程式の背後に群の構造を見出したこの論文は、まさに時代を超越するものだった。簡潔で省略の多いその記述の行間を補いつつ、高校数学をベースにじっくりと読み解く。

278 嗅覚はどう進化してきたか
生き物たちの匂い世界
新村芳人
本体一四〇〇円
人間は四〇〇種類の嗅覚受容体で何万種類もの匂いをかぎ分けるが、そのしくみはどうなっているのか。環境に応じて、ある感覚を豊かにし、ある感覚を失うことで、種ごとに独自の感覚世界をもつにいたる進化の道すじ。

279 科学者の社会的責任
藤垣裕子
本体一三〇〇円
驚異的に発展し社会に浸透する科学の影響はいまや誰にも正確にはわからない。科学技術に関する意思決定と科学者の社会的責任の新しいあり方を、過去の事例をふまえるとともにEUの昨今の取り組みを参考にして考える。

280 組合せ数学
ロビン・ウィルソン／川辺治之訳
本体一六〇〇円
ふだん何気なく行っている「選ぶ、並べる、数える」といった行為の根底にある法則を突き詰めたのが組合せ数学。古代中国やインドに始まり、応用範囲が近年大きく広がったこの分野から、バラエティに富む話題を紹介。

281 メタボも老化も腸内細菌に訊け！
小澤祥司
本体一三〇〇円
癌の発症に腸内細菌はどこまで関与しているのか？　関わっているとしたら、どんなメカニズムで？　腸内細菌叢を若々しく保てば、癌の発症を防いだり、老化を遅らせたり、認知症の進行を食い止めたりできるのか？

定価は表示価格に消費税が加算されます。二〇一九年二月現在